ZUOWU YUZHONG SHIXUN ZHIDAO

作物育种实训指导

主　编◎王家顺

副主编◎李姣红　王　伟　乔　光

编　者（按姓氏笔画排序）

王　伟　云南省丽江市烟草公司

王家顺　安顺学院

乔　光　贵州大学

李春红　安顺市农业科学院

李姣红　贵州大学

何大智　安顺市农业科学院

陈　维　安顺市农业科学院

华中科技大学出版社
http://www.hustp.com
中国·武汉

内容简介

　　本书针对培养地方性应用型人才的目标,把培养人才应用能力的主旨贯彻始终,力求体现系统性、科学性和实用性,注重育种工作环节与育种技术紧密结合,突出在农业生产中的应用作用。全书分为3大部分:第1部分为作物育种基础,共5个训练,从育种工作的实际需要角度出发,力求解决育种工作的系统思路问题;第2部分为作物育种技术,共7个训练,力求从种质资源的研究分析、主要作物品种的育种技术和新品种审核环节解决作物新品种选育的基本方法问题;第3部分为作物分子育种技术,共5个训练,从DNA的提取、扩增、检测、克隆和导入,解决分子技术在作物育种工作的基本应用问题。附录部分旨在使学生熟悉作物品种生产、经营、管理等相关的法律法规,提升知识产权保护和法律防范意识。

　　本书结构分明,逻辑性强,内容清晰,文字简洁,方法步骤具体,可供农学、作物遗传育种、种子科学与工程等植物生产类的本专科学生使用。

图书在版编目(CIP)数据

作物育种实训指导/王家顺主编. —武汉:华中科技大学出版社,2020.6
ISBN 978-7-5680-6002-8

Ⅰ.①作…　Ⅱ.①王…　Ⅲ.①作物育种-教材　Ⅳ.①S33

中国版本图书馆 CIP 数据核字(2020)第 090378 号

作物育种实训指导
Zuowu Yuzhong Shixun Zhidao

王家顺　主编

策划编辑:余　雯
责任编辑:马梦雪
封面设计:原色设计
责任校对:阮　敏
责任监印:周治超

出版发行:华中科技大学出版社(中国·武汉)　　电话:(027)81321913
　　　　　武汉市东湖新技术开发区华工科技园　　邮编:430223
录　　排:华中科技大学惠友文印中心
印　　刷:武汉市籍缘印刷厂
开　　本:787mm×1092mm　1/16
印　　张:9.5
字　　数:246千字
版　　次:2020 年 6 月第 1 版第 1 次印刷
定　　价:38.00 元

前言

本书结合国家对地方高校发展转型的要求和培养地方性应用型人才的目标,把培养人才应用能力的主旨贯彻始终,力求体现系统性、科学性和实用性,注重育种工作环节与育种技术紧密结合,突出在农业生产中的应用作用。全书分为 3 大部分:第 1 部分为作物育种基础,共 5 个训练,从育种工作的实际需要角度出发,力求解决育种工作的系统思路问题;第 2 部分为作物育种技术,共 7 个训练,力求从种质资源的研究分析、主要作物品种的育种技术和新品种审核环节解决作物新品种选育的基本方法问题;第 3 部分为作物分子育种技术,共 5 个训练,从 DNA 的提取、扩增、检测、克隆和导入,解决分子技术在作物育种工作的基本应用问题。附录部分旨在使学生熟悉作物品种生产、经营、管理等相关的法律法规,提升知识产权保护和法律防范意识。

本书编者均为作物育种教学和科研的一线工作者,编写分工如下:王家顺负责第 1 部分训练 1 和 5;李姣红负责第 2 部分训练 3~5、第 3 部分训练 3;王伟负责第 2 部分训练 1、训练 2 中 2-2-8、训练 6~7,以及附录中部分内容;乔光负责第 3 部分训练 1~2 和训练 4~5;陈维负责第 2 部分训练 2 中 2-2-3 至 2-2-7 和 2-2-9;何大智负责第 1 部分训练 2~4、附录中部分内容;李春红负责第 2 部分训练 2 中 2-2-1、2-2-2 和 2-2-10 至 2-2-12。全书由王家顺进行统稿和定稿。感谢贵州师范大学支敏教授从应用型人才培养角度对本书结构形成上的悉心指导;特别感谢安顺市农业科学院玉米育种专家汪朝明研究员细心的审阅,提供了宝贵的修改意见。

本书所引用的资料尽可能列出了参考文献,但难免有所遗漏,感谢原作者在作物育种工作方面的基础积累,在此致以谢意。统编工作虽然经过反复讨论和修改,但由于编者经验和阅历有所不足,书中可能存在不妥之处,敬请指正。

本书结构简明,方法步骤具体,可供农学、作物遗传育种、种子科学与工程等大学本科、专科专业使用,也可作为各相关专业教师、学生和农业科研技术人员的参考书和工具书。

编　者

目录

第1部分　作物育种基础

第**1**部分

训练 1　作物育种计划书的制订及实施

一、目的

学习和初步掌握作物育种试验计划书的制订。通过制订一个作物育种计划书,熟悉和掌握作物育种工作计划的实施。

二、内容说明

作物育种是一项长期的、连续的研究工作,必须明确育种目标并制订一个长期的育种计划和具体实施方案,使各种工作得以有目的、有计划地进行,以便于按阶段或年度检查育种研究的执行情况。同时,申请各级政府的育种科研项目,或与种子企业签订横向合作育种项目,都必须根据项目指南提出的育种目标和项目申报单位的实际情况,制订出切实可行的育种计划。

年度育种试验计划是针对项目计划书的计划进度制订的当年育种试验计划的具体实施方案,目的是使当年的育种任务按步骤有序进行。

三、建议学时数

6 学时。

四、方法步骤

(一)育种项目计划书的制订

1. 育种项目名称

明确研究项目(课题)名称,力求反映该育种项目的主要内容。

2. 立项依据

包括国内外同类研究的现状、趋势和问题,项目研究的目的和意义,成果应用的前景等,重点突出开展本项目的必要性。

3. 研究内容

包括项目的主要内容、研究目标（如品种数量、对品种丰产性、品质、抗性、熟期的具体要求）、拟解决的关键问题、技术创新之处等。

4. 研究方案

包括研究的具体方法、思路和技术路线。

5. 研究基础

现有研究条件，包括育种试验地点与规模，科研设施，与项目相关的研究基础（育种材料储备情况，参加省级以上区域试验、生产试验的品种（系），与其他单位同类研究相比所处的地位或优势等）。

6. 计划进度

包括项目研究的期限和年度考核指标。

7. 项目承担单位和人员

包括项目主持单位、项目负责人和项目组成员，以及成员之间的分工等。

8. 经费概算及来源

包括项目的经费预算及年度安排，项目经费的来源及筹措计划。

（二）年度育种试验计划书的制订

年度育种试验计划书一般包括种植计划、田间种植图和田间观察记载、测定和室内考种等。要搞好田间试验，必须做好田间试验全过程的所有环节，如果试验中某一个环节没有做好，试验就会失败。因此，在田间试验实施中，必须以认真、仔细、精益求精的态度进行工作。

1. 试验项目名称、地点和计划进行时间

可以与育种项目计划书的项目名称相同，力求反映该试验的主要内容。如品种比较试验、品种鉴定试验。

2. 试验研究的目的、意义

明确完成育种项目计划书中规定的本年度研究内容和年度考核指标，以及拟解决的问题。

3. 试验单位和负责人

包括试验支持单位、协作单位主持人、执行人及经费预算等，各试验环节（如播种、田间管理、记载、收获计产、考种等）必须明确具体执行人，以保证方案能够实施到位。

4. 供试材料及供试处理名称

包括作物名称和品种，试验处理或材料的数目、名称和对照等。

5. 试验地的基本情况

包括试验地的位置、面积、土壤质地、肥力、前作及排水灌溉条件等。

6. 田间设计

原始材料圃、杂交圃和选种圃常采用顺序设计，逢零设对照，不设重复；鉴定圃可采用顺序设计或随机区组设计；品种比较试验一般采用对比法或随机区组设计，重复3~4次，每隔一定小区设一对照；区域试验必须采用随机区组设计，重复3~5次；品种示范或生产试验一般采用大区对比，不设重复。特别注意田间试验设计过程中要考虑影响因素唯一差异原则。

7. 试验小区设计

包括试验区面积、小区长度和宽度、重复次数、小区面积，田间种植方式等，并绘出田间布置图（附在试验计划书的后面，注明地点和方位）。通常初级试验小区面积较小，高级试验小区面积较大;矮秆作物较高秆作物面积小些。

8.试验材料的种植

包括播种方法、播种量、播种期、移栽期和播种密度等。

9.试验地的田间管理

在了解试验地的土质、肥力、前作以及田间水利的基础上,还必须明确各试验地田间管理需采取的具体农事措施,如整地的要求、施肥的时期和用肥量、中耕除草、灌溉方式、病虫害防治等一系列主要栽培措施。

10.试验地田间观察记载和室内考种项目

记载本是育种工作的档案,制作记载本是一项十分重要和十分细致的工作。选种圃及鉴定圃记载本的记载栏目一般有当年(季)区号、上年(季)区号、组合、世代、系谱号、播种日期、开花(抽穗)日期及重要性状描述。亲本圃和品系比较试验、区域试验的记载本则一般设当年(季)区号、上年(季)区号、品系名称、品系来源、播种日期、开花(抽穗)日期、重要性状描述等栏目。

一般要将记载项目制成表格,将有关项目观测结果填入即可。内容可概括为以下几个方面。

(1)试验地田间管理工作　如施肥、灌溉、中耕,病虫害防治的时间、方法、次数等,特殊的天气和自然灾害等情况,也应记录。

(2)物候期记载　如作物的出苗期、分蘖期、拔节期、开花期、成熟期、收获期等。

(3)性状的调查记载　确定各育种试验圃材料需要调查的性状及调查方法,包括田间作物生长的特征特性、抗性鉴定的内容、室内考种的产量性状和品质性状等。不同育种试验圃材料有不同的调查要求,对设有重复的正规设计试验还需对试验资料进行相关的统计分析。如作物的株高、穗型、穗数、粒重、品质等,作物的抗旱性、抗寒性、抗倒伏性、抗病性等。

记载本应有副本,一本存档,一本用于田间试验执行记载,并应妥善保存,以防遗失。试验记载必须用铅笔。

五、要求

(1)分组查找资料,任意选取一个作物制订育种项目计划书和年度育种试验计划书。

(2)根据制订的计划书进行讨论、汇报,教师进行点评。

(3)引导学生举一反三,能够将育种项目计划的思路运用在其他类型项目计划书的工作中。

训练 2　作物育种试验的田间区划及播种

一、目的

掌握试验地的田间区划方法、步骤和各种试验播种的基本技能及要求。

二、内容说明

育种试验的田间区划及播种,是根据各种试验的目的及试验计划书的要求,在田间进行试验的重要环节。通过试验地的选择、规划及播种,明确选择试验地的条件,保质保量地搞好播种工作。

三、方法与步骤

(一)播种材料准备

1. 种子检验

(1)种子净度 种子清洁、干净的程度,用目测鉴定法检验,即种子样品中除去杂质和废种子后,留下本作物的好种子的重量占样品总重量的百分率。

(2)种子发芽力 种子在适宜条件下发芽并长成正常幼苗的能力。常用种子发芽势和种子发芽率表示。种子发芽势是发芽试验初期(规定日期内)正常发芽种子数占供试种子数的百分率。发芽势高,种子生活力强,出苗整齐一致。种子发芽率是发芽试验终期(规定日期)全部正常发芽种子数占供试种子数的百分率。种子发芽率高,有生活力的种子多,播种后出苗率高。种子发芽势和种子发芽率以 3 次重复的平均数表示,计算至整数。

(3)种子水分 种子所含水分的重量占样品重量的百分率。它是种子安全储藏的主要因素,也是种子品质的重要指标之一。测定种子水分的方法很多,有 105 ℃ 8 h 一次烘干法(标准法)和 130 ℃ 60 min 快速烘干法(常用法)。

(4)种子千粒重(百粒重) 1000 粒小粒种子的绝对重量或 100 粒大粒种子的绝对重量,直接称量测定,单位用 g 表示。它是体现种子充实饱满、粒大的综合指标,因此是种子质量的指标之一。

2. 播种量计算

根据各育种阶段的特点,试验的原始材料和选种材料因为试验面积小,采用点播法,所以只按照株行距和小区面积的大小,统计出每小区的播种粒数,即为该小区的播种量。试验的品种鉴定和品种比较试验,因试验小区面积较大,又是接近生产的试验,播种方法一般采用条播法。所以要根据每亩(1 亩 = 666.67m²)规定的播种粒数,种子的千粒重(百粒重)及发芽率,来计算试验小区每行的播种量,计算公式如下。

以千粒重计算:每行播种量(g) $= \dfrac{亩播量(粒) \times 小区面积(m^2) \times 千粒重(g)}{666.67 \times 小区行数 \times 1000 \times 发芽率}$

以百粒重计算:每行播种量(g) $= \dfrac{亩播量(粒) \times 小区面积(m^2) \times 百粒重(g)}{666.67 \times 小区行数 \times 100 \times 发芽率}$

供试品种,各小区每行播种量计算称量后,随机按行装袋。将每小区按行装有种子的袋捆在一起,以备排队编号。

3. 种子袋排队及试验区编号

将各项试验种子全部称量装袋后,按照各试验田间试验设计的要求排好队,然后加入对照品种。在原始材料和选种试验圃中,对照品种排列在 0、10、20、30……的位置上。在品系鉴定试验圃中,一般采用间比法排列,每隔 4 个小区放一个对照品种,即每逢 0、5、10……放一对照品种。品种比较试验采用随机区组排列,每一个重复加一个对照品种,位置不定。

当对照品种的位置确定后,立即着手进行各试验区种子袋排队编号,即在每种试验的各小区纸袋左上角用打号机或铅笔依次编号,按照各试验规定的区号范围,每个小区编一个号码(若小区种子分行称量装袋,则在每个种子袋上编相同的号)。

例如,玉米原始材料区号范围为0~499,则第一小区号为000,第二小区号为001,第三小区号为003,依次编号;选种试验区号范围为500~1999,则第一区号为0500,第二区号为0501,依次编号;品系鉴定试验区号范围为2000~2099;品种比较试验区号范围为2100~2130。总的编号原则是全试验中各试验区号不能重复,否则会发生混乱。

这些小区号码就是本年试验的区号。各试验种子袋编号后,按序排列,放到种子箱内,以待播种。

4. 填写田间记载表

各试验区种子排队编号后,再进行一次核查,确实无误后按照不同试验种子排列顺序,依次填写在田间试验记载表上,填写的内容有当年试验小区号、品种(系)或组合系谱号、去年试验小区号、种子来源、播种行数等。填写完后,记载表与种子袋要相互核对一遍,防止号码和材料名称发生错误。

5. 播种材料的整理

将各种试验材料试验的种类和小区号的先后顺序与田间试验计划书或田间记载表核对,检查无误后待用。

(二)田间区划

1. 田间试验总体安排和规划

安排田间试验时,必须了解本年度使用的试验地的总面积,应安排的试验项目、材料数等,然后把计划进行的各试验进行田间设计,绘制出田间布置图。

2. 试验地的准备和规划

试验地在规划前,需要施用充分腐熟、质量一致的有机肥,并均匀撒开,采用耕耙措施整地,做到耕深一致,耙平耙匀。

根据绘制好的田间布置图,用石灰和绳索等在选定的试验地段上划出各个小区、重复区、走道、保护带和行距等,并插上编号的标牌,以便播种。其具体步骤如下。

(1)划出一条标准基线,标准基线的位置要根据试验地的实际情况而定。试验地肥力比较均匀,标准基线的位置要根据试验地的长边。标准基线离开地边至少1 m。标准基线以外的土地可种保护带。

(2)以标准基线为准,利用勾股定理划出直角,拉出垂直标准线。利用勾股定理的具体做法:先用皮卷尺拉3 m长固定在标准基线的一端,再用4 m长的皮卷尺于标准基线的同一端拉一直边,然后用5 m的皮卷尺加以校正,做一直角三角形,即4 m长的皮卷尺拉出的直角边就是垂直标准线(或根据地势特点,可采用其他勾股数,除基线的另外一边直角为基准线)。

(3)划行和分段,用规定好行距的划行器以标准基线与垂直标准线的交点为起点,沿着垂直标准线,从标准基线的一端到另一端,然后根据各试验小区的长度和走道宽度分段,用石灰划出各试验小区、重复区、走道及保护带等。

3. 插标牌

按照田间布置图的要求,把标有小区号的木牌插在相应的小区位置上。排上的字对着区道,以便于播种和田间调查。插标牌时,一般从较小标号开始,插完后核对一遍。

（三）分发种子

各试验区规划完毕后，根据填好的田间试验记载本，把排队编号的试验种子依次放到各试验小区内，小区与小区之间空一行，即为区距。每个小区的试验种子应放在该小区第一行，同时在发放种子的过程中，在田间试验记载表上要标明试验重复及各排、段的播种方向和转弯的小区。

在分发种子的同时，在各个试验的对照内插上已准备好的木牌。品种鉴定和品种比较试验，可以每隔4个或9个小区插一木牌，然后把田间试验记载表的号码、行数与各个试验小区的种子袋号码、行数核对一遍，经核对完全一致时，方可播种。

（四）播种

播种前首先要搞清楚试验排、段及小区的播种方向，然后查对种子袋的号码、播种行数或袋数是否与试验小区的号码、播种行数完全一致。严防误播、漏播、重播。如发现错误立即纠正，并在田间记载表上注明。

播种时，用开沟锄或开沟器，按照试验区所划行的标准长度开沟。小粒种子的播种深度一般以3～5 cm为宜，干旱时可以更深一些。最好播在湿土上，沟要开直，沟底要平，沟长与行长完全一致，下籽要均匀，开沟深浅一致，及时覆土，防止跑墒。

播种原始材料和选种试验材料时，采用点播方法，可事先按株距在竹竿上用油漆或墨汁画好距离，播种时将竹竿放在开好的播种沟内，按规定株距点播。播种时如果种子不足，应将种子尽量播种在每行的中间；如果种子有余，需将多余的种子装入原纸袋内，播后应立即覆土耙平。

播种品种鉴定和品种比较试验材料时，采用条播法，人工开沟播种除按上述要求播种外，一个试验小区最好固定一人播种，保证播种质量一致。如用机播时，事先要调好播种量，播种要均匀，同一个试验最好在一天内完成，如遇特殊情况播不完时，一定要完成一个重复的各个试验小区的播种。

播完每个试验小区时，将空种子袋用土块压在该小区的一角上，当全部试验小区播完后，再与田间记载表检查核对，无误即可收回纸袋。如发现错误，应及时在记载表上注明，与此同时，应根据播种的实际情况，立即绘制出各试验田间种植草图。

（五）移栽

一些作物在秧田播种，到一定的秧龄后需要移栽，如水稻、油菜等。移栽前同样需要根据田间布置图对试验进行规划。将移栽的材料从秧田运至大田时，每一小区的秧苗必须与行号牌捆扎在一起，以防错乱。正式移栽前，按照田间布置图对田间排列的试验材料再核对一次，确认无误后再进行移栽。

（六）试验田间管理

搞好作物的栽培管理是作物有良好的生长发育环境，获得真实试验结果的重要条件。各项管理措施必须均匀一致，避免人为因素影响小区生产而造成不应有的误差。

四、要求

（1）分组以任意一作物不同育种试验阶段进行田间区划设计并组织实施播种。

（2）根据种植实际情况绘制田间种植图,并对小区面积、试验材料的种植、田间管理措施、调查内容等做说明。

（3）种植准备和田间区划、播种时应注意哪些问题?

训练 3　作物杂交育种程序观摩

一、目的

通过现场观摩和讲解,了解和掌握主要作物杂交育种程序及各试验阶段的设计及其主要工作内容。

二、内容说明

杂交育种是各种作物培育新品种最主要、最基本的育种方法,其他育种方法往往要与其结合才能应用,因此,它的应用最为普遍,成效也最为显著。杂交育种的过程包括原始材料圃和亲本圃(杂交圃)、选种圃、鉴定圃、品种比较试验、区域试验、生产试验几个内容不同的试验圃,并形成一定的工作程序。同时自花授粉作物和异花授粉作物由于交配方式的差异,在亲本保纯和选种保种方面也有着不同的要求。

本试验通过在作物的主要生育期,由指导教师带领,选择参观一种自交或异交作物的杂交育种试验,并按育种程序观察各试验阶段的田间设计、种植方式、各世代性状遗传变异趋向及特点,并认真记录。既要印证新学的育种理论和技术,又要学会灵活运用。在实际观摩中还应着重了解各试验圃的作用,材料特点和来源,田间设计方法及对土壤肥力均匀性的要求等。

三、材料及用具

自交作物和异交作物各试验阶段的育种材料、育种试验地、田间试验计划书、田间种植图、铅笔、笔记本等。

四、方法步骤

按照杂交育种的工作程序,按以下顺序实地参观某一作物的不同育种试验圃,并做讲解与记录。参观是在室外的试验区进行,注意遵守教学秩序和爱护试验材料。

(一)原始材料圃和亲本圃

有目的地从各地广泛引进、收集和征集各类种质资源,丰富的育种亲本材料基因是作物育种的物质基础。原始材料圃种植从国内外搜集的原始材料,分类型种植,一般每份种几十株,需对重要性状定期观察记载,为其在育种工作中的应用提供依据。收种过程中要严防不同材料间发生机械混杂和生物学混杂,收获时切忌从 1 个单株上留种,防止选择偏离原材料的典型性,重点材料年年种植,一般材料在了解品种特性后可以保存备用,分年轮流种植。

自交作物试验设计采用顺序排列,每份材料种一个小区(2～5 行),逢零设对照,不设重复。主要工作是观察和研究材料特征特性,每年选出若干材料作为杂交亲本,同时保存各份品种资源材料。异交作物材料有两类,一类是各种来源的自交系,需人工自交保存(田间设计同自交作物);二是各种来源的品种和群体,需在隔离区内自由授粉或人工混合授粉保存,小区面积较大。自交方法:用适宜大小的防水纸袋分别套住雌雄花序,开花散粉前进行人工授粉自交。收获后再进行穗部观察,淘汰病穗劣穗。中选果穗分别脱粒、编号、保存。

亲本圃(杂交圃)种植杂交亲本。种植根据育种目标和配组方案选择需要应用的亲本,一般需根据生育期长短分期播种,以保证母本、父本花期相遇。排列顺序和行距应便于杂交授粉,常将父母本相邻种植。不设对照和重复。

有时还可设立中间材料圃,即在选种圃中虽综合性状优良,但存在个别缺点未被选入产量比较试验的材料,可放在中间材料圃中,针对其缺点,再用其他品种对其进行杂交改良;或选种圃中发现的有特点的株系也可放在此圃种植。

(二)选种圃

种植杂交组合各世代群体的地段称为选种圃,有时也将种植 F_1、F_2 的地段称为杂种圃。选种圃材料应强调点播(单株种植),以便于单株选择。F_1、F_2 世代一般按组合混种,1 个组合编为 1 个田间区号。由于 F_1 群体较小,而 F_2 群体必须很大,通常 F_1 和 F_2 分别种植。

1. 杂交一代(F_1)

F_1 杂交种在浸种催芽或播种出苗期应细心管理,保证成苗率。F_1 的田间工作之一是根据亲本性状鉴别真假杂种,辨别并剔除假杂种。因此,必要时可在每一组合的前后种植亲本,这样除便于识别真假杂种外,还有利于了解亲本性状在后代中的传递规律。F_1 的另一项工作是判别杂种本身的丰产性和综合性状。如果杂种本身缺乏优势,丰产性不如生产上的推广品种,以后的选择是一个自交衰退的过程,在后代中就很难选到超越亲本或对照的单株。

(1)F_1 的播种 由于杂交所得种子数量少,加之又是米粒,故杂交种子发芽不好,易腐烂。所以杂交种子最好播在搪瓷盘中育苗,然后再移栽到试验田。每一组合栽成一区,一般 F_1 种 10~20 株,复合杂交则 F_1 应 100 株以上。在每一个杂交种附近应种植亲本和对照品种,以便根据育种目标淘汰有严重缺陷或丰产性差的组合,减少 F_2 及以后世代的选择工作量。

(2)观察记载 记载各重要性状,特殊性状以及有无杂种优势。

(3)去假杂种 在生长期中,着重去假杂种,去杂假种根据父本的指示性状进行。

(4)收获脱粒 一般按组合分株收获脱粒,但假杂种的真伪尚不能准确鉴定时,要分株收获脱粒。F_1 一般不单株选择,在去杂的基础上,混收种子,但如因亲本不纯,F_1 株间有差异也可分类型收种或选单株留种;如采用系谱法,从 F_1 开始就必须对各杂交组合编排系统号。

2. 杂交二代(F_2)

F_2 是分离最严重、变异范围最大的一代,为了使优良个体得到表现而不致丢失,F_1 每个组合的群体要尽可能扩大些,一般每个组合种植 1000~2000 株,重点组合或双亲遗传差异大的组合 F_2 群体可适当提高到 5000~10000 株。F_2 是选择的关键世代,所选单株的好坏在很大程度上决定以后世代系统的好坏。选择应遵循质量性状或遗传力较高的数量性状选择从严、遗传力较低的数量性状选择从宽的原则,从优良组合中选优良单株,重点组合、变异丰富的组合可以多选,一般组合、变异贫乏的组合可少选,并继续淘汰。

(1)F_2 的种植规模 F_2 以组合为单位种植,种植行数依组合要求总株数而定。每 20 行或 50 行加入两个亲本或对照品种。

(2)观察记载 F_2 的分离现象是必然存在的,如某一组合没有出现分离现象则可能是假杂种,应淘汰。对株型、生育期、穗部性状、抗病性等重要性状的分离进行描述和评价,作为组合取舍和个体选择的依据。

(3)选择　对 F_2 进行个体选择时,应与亲本和对照品种比较鉴定,对遗传力高的性状如穗期、株高、抗病性、株型和谷粒大小与形状等可较严格地选择。而对一些遗传力较低、受环境条件影响大的性状如穗数、每穗粒数等,选择标准可适当放宽。当选单株或系用一布条作标志,一般每个组合入选率约为种植株数的 5%,不超过 10%,视组合优劣而定。不良组合全部淘汰,当选单株或单穗分别脱粒。

自 F_3 开始至选出纯合的优良品系,所有材料都需种植株系(行)。上代选择的 1 个单株编为 1 个田间区号,单独种植 1 个小区,称为株系(行)。每个株系(行)的种植群体大小应根据各种作物而定。可在选种圃中每隔一定小区加设对照品种(推广品种),以供比较和选择。F_3 选择以系为基础,首先选优良株系,然后在优良株系中选优良个体,即选择出优良个体较多的系统,再从中选择 2～5 个优良单株。不同组合的株系(行)在选种圃种植的年限,因性状稳定快慢所需的世代而不同。

F_3 以上的世代是由分离到逐步稳定的世代,除对质量性状进行选择外,要逐步加强对数量性状,特别是产量性状的选择。选择时还应掌握"首先选择优良组合,再在优良组合中选优良系统群,在优良系统群中选优良系统,在优良系统中选优良株系,最后在优良株系中选择优良单株"的原则。在各世代中发现优良一致的株系,即升入来年的鉴定圃。

(三)鉴定圃

选种圃中入选的优良一致的株系进入鉴定圃,参加鉴定的系统或株系称为品系。鉴定圃及以后各圃的种植密度和田间管理应尽可能接近大田生产。由于升级的品系数目可能较多,而每个品系的种子量较少,所以鉴定圃的小区面积较小,小株作物如水稻、小麦一般每小区 6.67～13 m^2;大株作物如油菜、棉花的小区面积可适当扩大。被鉴品系常采用间比法或逢零设对照的顺序排列,以当地推广品种为对照,重复 2～3 次。目的在于全面鉴定各品系的主要农艺性状(如生育期、株型、抗病虫性、品质等)及其遗传稳定性,同时继续稳定和扩大种子量,试验可进行 1～2 年。经鉴定圃鉴定,产量、品质或抗性突出的,可升级至品系比较试验。

异交作物种植各种来源的自交后代,结合选择进行自交,同时进行测交来培育自交系。鉴定圃中的材料分两类:一是测交鉴定材料,测验自交系选育圃入选材料的配合力;二是杂交鉴定材料,鉴定各类杂交种的产量和其他农艺性状。田间设计同自交作物鉴定圃。

测定自交系配合力是组配强优势杂交种必不可少的工作环节。测定自交系配合力的方法很多,通常采用一父多母隔离区测定法和多系测交法。前者是把各个被测系按顺序种植在一个隔离区内,以共同测验种作父本,将花粉给自交系材料自然授粉,分别产生多个测交种。来年通过测交种产量比较,得出各个被测自交系的配合力。后者则是利用几个优良自交系或骨干系作测验种,与一系列被测系测交,产生一系列单交组合,下代做产量比较,得出各个被测自交系的配合力。

(四)品系比较试验

品系比较试验种植由鉴定圃升级的品系,数目相对较少,小区面积要求较大(可因试验地允许情况而定),小区面积可增加至 20～40 m^2,宜采用随机区组设计,重复 3 次左右。一般进行 2 年。目的在于对各品系的丰产性、生育期、抗性、主要农艺性状和品质进行更全面的观察鉴定。比对照显著增产或品质、抗性突出的品系可推荐参加区域试验。

（五）区域试验和生产试验

区域试验是由多个单位(多试点)承担多个单位育成的新品系组成的联合试验。由相关的种子管理部门组织,范围有国家级(可分区)、省级和市级,目的是检验新品系在较大区域内不同地点、不同生产条件下的丰产性、适应性和抗逆性。一般市级区域试验或省预备试验中的优良品系可提供参加省区域试验。区域试验一般设 3 次重复,随机排列,加设对照,各试点的种植规格一致,有统一方案,资料统一汇总分析。小株作物如水稻、小麦的小区面积一般为 13.3 m^2,大株作物如玉米、油菜、棉花的小区面积一般为 20.0 m^2,区域试验期限一般为 2 年。

通过区域试验的品系还需进一步扩大鉴定面积,参加生产试验。生产试验也应安排有代表性的多个点,试点数可比区域试验少些,每点设 2 次重复,每个重复面积不小于 3333 m^2。生产试验可采用简单的对比试验设计,将一个新品系和一个对照品种进行比较。将选定的田块(一般 13333 m^2)一分为四,对角种植新品系和对照品种。生产试验参试品系数较少,要求按大面积生产的管理方法进行管理。生产试验期限一般为 1 年,结果不明确的可考虑再参试1 年。

通过区域试验和生产试验的品系,可提请省或国家的农作物品种审定委员会审定。经审定通过的品种获得审定证书,列为推广品种。

五、要求

(1) 参观结束后,根据自己的参观笔记整理成实验报告,总结所参观作物的育种试验田各圃的基本规模、田间设计和主要工作内容。

(2) 比较自交作物和异交作物常规育种程序的异同。

训练 4 作物育种材料室内考种

一、目的

根据已学习的育种学选种理论,通过教师讲解和田间实际操作,熟悉主要作物的室内考种操作过程和产量因子的构成因素,掌握主要作物室内考种的基本方法。在综合田间选择和室内考种鉴定结果的基础上,对育种材料进行产量因子分析。

二、内容说明

单株选择(即选种)是杂交育种的重要环节,它是通过选择单株,并进行后期鉴定的一种选择方法。杂种后代的选择必须根据明确的育种目标来进行。育种目标是指新品种应具备符合作物需要的各种优良性状的总和,主要包括丰产性、抗病虫性、抗逆性、优良品质、适合的成熟期和理想株型等。在育种实践中,选种需要有丰富的经验积累。异花授粉作物往往还要采用选株自交手段。

考种(即性状调查)是评判单株选择效果的重要依据。室内考种和产量因子分析是田间选择工作的继续,是选拔育种材料必不可少的工作环节。不同作物的性状表现固然不同,同种作物不同品种的性状表现也有差异,作物的表型性状可分为农艺性状、产量性状、品质性状和抗病虫性类。与株型相关的农艺性状主要根据育种家的经验在田间判断选择,一些农艺性状如株高、节间数、叶长、叶宽、出叶角度等也可以通过直尺、量角器来测量。高产是作物育种的主要目标,但不同作物产量构成因素(产量性状)不同。从田间将符合育种目标要求的材料收获,这是田间初选。再经过室内考种才能准确获得诸如单株穗数、穗粒数、千粒重、品质等性状的具体资料。这些数据在田间选择时不易获得或无法获得,但又是材料比较和决选单株所必需的,进而进行产量因子分析。最后,综合田间生育调查及室内考种和产量分析的结果,对各个育种材料做出全面评定,进行决选。所以说,室内考种和产量因子分析工作,在选育新品种的过程中有着重要作用,技术性也比较强。如自交作物中的小麦,其籽粒产量是一个复杂的数量性状,杂种早代选择效果差,但可间接根据产量构成因素进行选择。在产量构成因素中,单株穗数的遗传力最低,早代选择效果差;穗粒数的遗传率在 40% 左右,可间接通过增加穗长和有效小穗数或每小穗粒数达到增加穗粒数的目的;穗长的遗传率较高,一般可达 70%,早代选择有效;千粒重的遗传率高,一般在 70% 左右,在早代可以进行有效的选择。而异交作物中的玉米,其产量是数量遗传性状。产量因素包括穗长、穗粒行数、粒重、单株果穗数等,各产量因素也都是数量遗传性状。玉米大多数杂交组合 F_1 的果穗长度都表现出明显的超亲优势,但其平均遗传力较低;穗粒行数遗传稳定,杂种优势不明显;粒重的遗传力中等,但杂种优势很明显,超亲优势也很突出;单株果穗数基本不表现杂种优势。

三、材料及用具

1. 材料
成熟的小麦、大豆、水稻植株、玉米果穗若干。

2. 用具
小吊牌、种子袋、天平、直尺、游标卡尺、调查记录纸(考种表格)、铅笔等(不同作物考种需要提供不同的试验工具)。

四、方法步骤

(一) 单株选择

1. 选择的标准
根据育种目标选择综合性状优良,丰产性好,符合生产要求的优良单株,例如水稻、小麦作物一般要选分蘖性强,穗大粒多,籽粒饱满的单株;豆类作物选节间短、结荚密、每荚粒数多的单株。同时,所选单株还需有较好的抗性和品质。

2. 选择的时期
一般在抽穗开花期初选,成熟期复选,室内考种决选。其中成熟期是选择的关键时期。

3. 选择的方法
在抽穗开花期深入田间寻找符合育种目标的优良单株,并在植株上做好标记,一般挂上 1 个明显小吊牌,在牌子上注明抽穗开花日期;成熟后再根据产量等性状复选,不中选的去牌子予以淘汰,将中选单株整株拔回(需捆扎好),带回室内考种,也在田间测量其株高,调查其有效穗数或铃数、荚果数等,将调查结果和区号一并记在牌子上,然后将经济器官(穗、荚果、铃等)连同牌子一起收入种子袋带回考种;经考种不符合育种要求的,应予淘汰。入选单株分别脱粒、编号、保存。

选择时宜背着阳光,选择小区中部的优良单株。选择边行及缺株附近的单株时,应适当提高选择标准。

4.选择时需注意的问题

(1)不同世代的选择目的不同。F_2是分离最严重的世代,也是选择的关键世代,株间差异较大,选择类型不能单一,各类优良变异单株都可以选择。自F_3以后的各个世代除要继续选拔优良单株外,还要注意不断发现和选拔性状整齐一致的优良株系,提供来年鉴定圃鉴定;对于品系比较试验和区域试验中的稳定品系以及生产应用的品种,为了保持原品种(系)的种性和纯度,也需要通过选择单株来建立株系圃,这时应强调选择典型性单株,剔除变异单株(不论优劣),而不是育种过程中的"优中选优"。

(2)不同性状和不同世代应掌握不同的选择压。不同性状在同一世代的遗传率不同,一般以生育期、株高、抗性等质量性状的遗传率较高,粒重虽属数量性状,但遗传率也较高,这些性状早代选择的效果较好,应严格选择。而穗数、每穗粒数等其他产量性状多为数量性状,遗传率较低,早代选择效果较差,应从宽选择。随着世代增加,同一性状的遗传率逐渐提高,选择的可靠性逐渐增大,应逐步加强对产量性状的选择压。

(3)掌握先观全体而后选择的策略。同一世代的同一性状,根据单株的表现选择,可靠性最低,根据系统群选择,可靠性最高。所以要先进行总体比较,而后进行选择。选择时首先选择组合,再在优良组合中选择优良的系统群,在优良系统群中选择优良系统,最后再选择优良单株。

(4)掌握田间选择为主,室内鉴定为辅的原则。应首先着重田间的仔细观察评定,因为在田间观察的是整个植株,其评定更全面、更可靠。所以,应在作物生育的关键时期,对所选单株的相关性状分清主次,权衡轻重,综合考虑,做出确切的评价。室内考种所得结果只能作为参考,特别是分离的低世代,单株考种结果的可信度更差。室内应以鉴定品质性状为主要目的。

(二)室内考种

1.材料登记

每个材料(株、穗)都要根据所附标牌登记材料名称或代号,当年小区号,收获日期,同一材料内各个单株的编号。

2.测量和记载

由于不同作物的性状表现不同,调查的方法也各不相同。主要大田作物一般考种项目和标准可按以下性状排列的顺序进行。具体考种测量时可以作为参考,然后将测量结果记载到记录纸上。

(1)玉米室内考种项目记载及标准

①果穗长度:果穗基部至穗顶端(包括秃尖)的长度,单位 cm,保留一位小数。

②穗粗:风干果穗中部的直径,用游标卡尺测量,单位 cm,保留一位小数。

③秃尖长:风干果穗顶部无籽粒部分的长度,单位 cm,保留一位小数。

④穗行数:果穗中部籽粒行数。

⑤行粒数:果穗相对两行粒的平均数。

⑥穗粒数:每穗平均粒数。

⑦穗粒重:每穗平均粒重,单位 g。

⑧百粒重:随机数取风干籽粒 300 粒称量,换算成百粒重,重复 2 次,取其平均值,单位 g。

⑨出籽率:风干籽粒重/风干果穗重×100%。

⑩穗形:一般分圆柱形和圆锥形两类。

⑪粒型:分硬粒、半硬粒、马齿和半马齿四种类型。

⑫粒色:分红、白、黄三种颜色。

⑬穗轴色:分红色、粉红色、白色。

⑭容重:用容重器测定。

(2) 小麦室内考种项目记载及标准

①株高:分蘖节至主茎顶端(不计芒)的高度,单位 cm。

②有效分蘖数:主茎以外的结实分蘖数。

③穗长:穗基部至顶端(不计芒)的长度,单位 cm。

④穗形:分六种。纺锤形(中部稍大,两头尖)、长方形(宽厚相同,上下一致)、圆锥形(下部大、上部小)、棍棒形(上部大且较密)、椭圆形(两头小且尖、中间宽)、分枝形(穗上长出小的分枝)。

⑤芒:有芒计为"+",无芒计为"-"。

⑥每穗小穗数:包括有效小穗数(结实小穗)和无效小穗数(无籽粒小穗)。

⑦主穗粒数:主茎穗的结实粒数。

⑧主穗粒重:主茎穗籽粒重量,单位 g。

⑨单株粒数:单株脱粒后粒数。

⑩单株粒重:单株的籽粒重量,单位 g。

⑪千粒重:每份材料随机数取风干籽粒 500 粒,分别称量,重复 2 次,取平均值。两次重量不得大于平均值的 3%;若大于 3%,则需另取称量,以相近的 2 次重量重复 2 次,取平均值,单位 g。或直接由单株粒数和粒重换算。

⑫容重:用容重器测定。

(3) 水稻室内考种项目记载及标准

①株高:基部至主穗主轴顶端(不计芒)的高度,单位 cm。

②主穗长度:主穗穗颈节至主轴顶端(不计芒)的长度,单位 cm。

③有效分蘖数:主穗以外的结实穗数(每穗结实应大于 10 粒)。

④一级枝梗:主穗一级枝梗数。

⑤二级枝梗:主穗一级枝梗上着生的枝梗数。

⑥穗型:按枝梗长短、多少分为紧穗型和散穗型;按着粒密度分为散开型(每 10 cm 穗长 54 粒以下)、密集型(78 粒以上)和中间型三种;按穗长分为长(25 cm 以上)、中(20~25 cm)、短(20 cm 以下)三级。

⑦单株穗粒数:主穗和有效分蘖穗结小穗数总和。

⑧单株结实粒数:全株结实小穗数(不含空、瘪粒)。

⑨结实率:结实粒数/单株穗粒数×100%。

⑩单株粒重:全株实收粒重(不含空、瘪粒)。

⑪粒形:分长形(长宽比在 2∶1 以上)、长椭圆形(1.8∶1)、椭圆形(1.6∶1)和圆形(1.6∶1 以下)。

⑫粒色:颖壳有淡黄、黄褐之分;颖有黄、褐、红褐之分。

⑬千粒重:方法同小麦。

⑭谷草比:称取单株茎基部至穗基部所有稻草重量,称取本单株所有穗的重量。谷草比为

$$谷草比(\%)=单株穗重/草重×100\%$$

(4)大豆室内考种项目记载及标准

①株高:子叶痕到主茎顶端生长点的高度,单位 cm。

②结荚高度:子叶痕到最低结荚部位的距离,单位 cm。

③主茎节数:从子叶痕上一节开始到植株顶端的节数。

④分枝数:主茎有效分枝数。

⑤单株荚数:全株有效荚数。

⑥三粒荚数:单株所结的三粒荚数。

⑦四粒荚数:全株所结的四粒荚数。

⑧单株粒数:全株所结豆粒数。

⑨单株生产力:一株籽实的重量,单位 g。

⑩百粒重:100 粒种子的重量,重复 2 次,单位 g。

⑪完全粒率:取未经粒选的种子 200 g,从中选出完全粒(完熟的、饱满完整的、未遭病虫害和种皮无病斑的籽粒),称量后计算。

$$完全粒率(\%)=完全粒重/取样重量×100\%$$

⑫虫食率:取一定量未经粒选的籽粒,从中挑出食心虫危害的籽粒称量。虫食率为

$$虫食率(\%)=虫食粒重/取样重量×100\%$$

⑬褐斑粒率:取未经粒选的籽粒 200 g,从中挑出褐斑粒称量。褐斑粒率为

$$褐斑粒率(\%)=褐斑粒重/取样重量×100\%$$

⑭紫斑粒率:取未经粒选的籽粒 200 g,从中挑出有紫色斑粒称量。紫斑率为

$$紫斑粒率(\%)=紫斑粒重/取样重量×100\%$$

⑮未熟粒率:未熟籽粒占未经粒选籽粒的百分比。

$$未熟粒率(\%)=未熟粒重/取样重量×100\%$$

⑯种皮色:分黄、青、褐、黑及双色。

⑰粒形:分球形、近球形、椭圆形、长扁圆形、长圆形。

⑱种皮光泽:分强光、有光、微光、无光。

⑲脐色:分黄、淡褐、极淡褐、褐、深褐、黑色。

⑳脐的形状:分椭圆形、倒卵形、长方形、圆形、肾形。

㉑子叶色:分青色、黄色。

㉒籽粒大小:百粒重 12 g 以下为小粒,12~20 g 为中粒,20 g 以上为大粒。

㉓品质:分上、中、下三级。

(5)油菜室内考种项目记载及标准

①株高:自子叶节至全株最高部分长度,单位 cm。

②第一次有效分枝数:主茎上具有一个以上有效角果的第一次分枝数。

③第一次有效分枝部位:第一次有效分枝离子叶节的长度,单位 cm。

④主花序有效长度:主花序顶端最上一个有效角果至主花序基部着生有效角果处的长度,以 cm 表示。

⑤主花序有效角果数:主花序上含有 1 粒以上饱满或欠饱满种子的角果数。

⑥全株有效角果数：主花序、一次分枝、二次分枝上具有 1 粒以上饱满或欠饱满种子的角果数。

⑦结角密度：主花序有效长度与全株有效角果数之比，单位为个/厘米。

⑧角果长度：果身长度（不包括果柄和果喙），单位 cm。

⑨角果宽度：角果最宽部位的宽度，单位 cm。

⑩每角果粒数：在典型植株上，按比例分段，随机摘取 20 个正常角果，计算平均种子数。

⑪千粒重：用晒干纯净种子，随机数 1000 粒，取样 3 份，分别称量取差异不超过 3% 的平均值，单位 g。

⑫单株生产力：考种的单株分别脱粒称量，求其平均值，单位 g。

3. 种子储存

考种中脱下来的籽粒，自交作物的杂交早代入选材料和某些特殊材料应单株保存，原始材料、品种比较和区域试验品种可混合装袋保存。异交作物玉米考种用的果穗，如果是人工自交果穗，以果穗为单位装袋保存；如果是田间天然授粉所结的，不能留种。因此除了某些特殊用途的以外，脱下来的籽粒就归入商品粮了。

（三）产量因子分析

育种材料生产力的强弱是决定取舍的主要依据，为了准确地选拔出生产力强的材料，培育成为高产品种，在选择过程中，必须对育种材料的产量因素进行细致分析，以了解其构成产量诸因素的相互关系。

1. 明确有关产量构成各因子

（1）玉米　一株果穗数、穗粒行数、一行粒数、一穗粒重等为产量构成主要因子。

（2）小麦　一株穗数、小穗数、一穗粒数、一穗粒重、千粒重等为产量构成主要因子。

（3）水稻　一株穗数、一穗粒数、一穗实粒数、结实率、千粒重等为产量构成主要因子。

（4）大豆　一株荚数、一荚粒数、一株粒数、一株粒重、百粒重等为产量构成主要因子。

（5）油菜　一株一次有效分枝数、一次分枝有效角果数、二次有效分枝数和二次分枝角果数及主花序有效角果数、一次分枝角果数、主花序角果数和千粒重等为产量构成主要因子。

2. 根据田间调查及室内考种测定的产量因子进行具体分析

（1）根据一株粒重分析每个育种材料的实际生产力。

（2）根据产量结构的主要因子推算每个育种材料的理论生产力。

（3）将理论生产力与实际生产力相互比较，找出每个育种材料的真实生产力，并分析生产力强弱不一致的原因。

（4）将各个育种材料的真实生产力水平进行相互比较，从中选拔出生产力强的育种材料，以进一步培育和选择。

（5）将每个单株的产量总结汇总，来看系统和组合的生产力水平，以确定选择的重点。

五、要求

1. 选株

每 5～8 人为 1 组，在成熟期分别对不同株系进行评选，选性状优良，目测已基本稳定的株系，再在中选株系中选择优良单株若干（水稻、小麦选 10 株，大株作物适当少选），另安排 1 组同学在同一田块的对照品种小区中选相同的株数,作为其他各组选择材料的对照。选好的单株要挂上吊牌,用铅笔注明区号、株号和选种者姓名,同一小区的单株扎成一束,带回室内风干考种。

2. 考种

按组对所选优良单株分株调查主要产量性状,将考种结果记录在考种表上,并做比较。根据考种结果和田间调查资料,对该作物产量构成因子进行综合分析。

3. 分析

分别汇总全班各组的考种结果(包括对照),根据所选各株系不同性状的平均数和变异系数,与对照品种进行比对,并对选择效果做出评述:①就丰产性而言,哪些小区已较对照品种有所改进? ②综合各产量性状的变异情况,哪些小区的性状已基本稳定? ③是否有优良一致的品系可升级到更高一级试验?

训练 5 品种比较试验与区域试验结果分析与总结

一、目的

了解和初步掌握一般品种比较试验与区域试验的方法,学会品种比较试验资料的整理、结果的统计分析及试验总结报告的写作。

二、内容说明

品种比较试验简称品比试验,是育种单位在一系列育种工作中的最后一个重要环节。它要对所选育的品种做最后的全面评价,鉴定供试品种在当地的适应性和应用价值,选出显著优于对照品种的优良新品种,以便进一步参加区域试验。在品比试验的过程中,需要对供试品种进行细致的田间观察、室内分析和试验小区的产量测定,以取得对各供试品种(系)进行科学评价的必要资料,其中包括试验的实施过程、栽培管理水平、试验期间的气候条件、主要的农艺性状、小区产量、抗性、品质分析等数据。这些资料和数据还需运用生物统计学方法进行处理,以明确各品种的产量差异及在不同地区的丰产性,以便对供试品种做出客观的评价。

区域试验是由有关部门组织的,在一定的自然区域内的多点、多年的品种比较试验,以进一步鉴定新品种的主要特征、特性,确定其是否有推广价值,为优良品种划定最适宜的推广地区,并确定各地区最适宜推广的主要优良品种和搭配品种,同时研究新品种的适宜栽培技术,便于做到良种良法相结合。区域试验的试验方法,基本上与品种比较试验相类似,但要密切结合各地的主要栽培条件。因此,本试验以学习品种比较试验的方法为主。

品种比较试验总结一般应写明以下几方面内容:①试验目的;②供试品种的来源及选育单位;③试验实施概况及气候条件;④试验结果;⑤对供试品种的评价等。

三、材料及用具

1. 材料

水稻、小麦或玉米等作物品种比较试验的有关资料和数据。

2. 用具

作物品种比较试验与区域试验的试验田、田间观察记载资料、产量结果及室内考种资料、计算器或计算机、各种统计表格、直尺等。

四、方法步骤

(一) 品种比较试验

1. 品种比较试验材料的来源

主要是从鉴定圃选出的优良新品系和上年品种比较试验保留的品系，此外还包括外地新引进的优良品种。品种比较试验参试材料数目不宜过多，通常 10～15 个。

2. 田间设计和布置

(1) 试验区的面积和形状　一个品种种一个试验小区，小区面积大小因植物种类和其他条件而异，小麦、水稻、大豆、花生、马铃薯一般是 20～40 m²，高秆作物则要相应加大，一般在 30～60 m²。试验小区形状可分为长方形和方形两种，它们各有优缺点。一般来说，长方形小区可以获得较高的精确性，这在试验田的土壤肥力不均匀时尤为明显。但长方形小区比方形小区易受边际效应的影响。因此，可根据具体情况决定小区的形状。如小区面积较大，试验田土壤肥力差异较大，各供试品种相互影响不大，宜采用长方形小区。

(2) 重复次数　品种比较试验中每一个品种种几个试验小区就称为几次重复。设置重复能减少试验地的土壤肥力差异以及其他偶然因素对试验结果的影响，是增高试验精确性的有效方法。有了重复，可以了解和测定试验的误差大小，有利于对试验结果做出比较正确的评价。

至于应该设几次重复，要视具体情况而定。试验田条件好，土壤肥力差异较小，小区面积较大的，重复次数可少些；反之，应多些。一般以 3～5 次为宜。

(3) 试验小区排列　一般采用随机区组设计，即先划分成几个区组，例如某一个试验共包含 8 个品种，重复 4 次，那么这一试验就有 4 个区组，每一区组包含所有 8 个品种的各一个小区。区组内各个品种小区的排列则是随机的，即每个品种都有同等的机会被放置在区组内的任何位置上，如图 1-5-1 所示。

Ⅰ	7	1	3	8	6	2	4	5
Ⅱ	1	6	4	5	8	7	3	2
Ⅲ	2	5	1	4	3	6	8	7
Ⅳ	5	2	8	7	4	3	1	6

图 1-5-1　随机排列

注：Ⅰ、Ⅱ……为区组号码；1、2、3……为处理代号

(4) 保护行的设置及其他　为了保证试验的安全和精确性，在每个区组的两旁、整个试验地的两端或四周，种植几行与对照相同的品种，称为保护行。还要考虑试验田中走道的设置。一般在区组间的走道要宽些，小区间往往不设置走道。试验田周围的保护行还应适当地设出入走道。

3. 对试验的要求

(1) 试验田要有代表性　在气候、地形、土壤类型、土壤肥力、生产条件等方面，都要尽可

能地代表试验所服务的大田。尽可能选择地势平坦、形状整齐,土壤肥力均匀一致的试验田,尽量减少试验误差。

（2）试验地耕作方法、施肥水平、播种方式、种植密度及栽培管理技术接近或相同于大田条件,并注意做到全田管理措施一致。

（3）试验期间要严格系统地进行观察记载,结合成熟期的最后鉴定、产量结果和室内考种,对参试材料做出当年的综合评价和处理意见。各参试品种一般均参加两年以上的品种比较试验。

（二）区域试验

1. 参试品种的条件

申请参加区域试验的品种,必须经过连续两年以上的品种比较试验,性状稳定,增产效果显著,或者具有某些特殊优良性状,如抗逆性、抗病性强,品质好,或在成熟期方面有利于轮作等。

2. 划分试验区

选择试验点根据自然条件和耕作栽培条件划分成若干个不同的生态区,然后在各生态区内选择有代表性的若干试验点承担区域试验。

3. 设置合适的对照品种

在自然栽培条件相近的各试验点,应以生产上大面积推广的优良品种作为共同对照。各试验点根据需要,可加入当地一个当家品种作为第二对照。对照品种的种子应是原种或一级良种。

4. 试验方法与品种

方法与品种比较试验基本相似,不再细述。但要做到不同试验点之间统一参试品种,统一供应种子,统一田间设计,统一调查项目及观察记载标准,统一分析总结。区域试验一般进行2~3年。

（三）试验结果统计分析

1. 资料整理

对试验实施的基本情况、田间观察和室内考种资料应及时整理,以便对有关数据进行仔细检查和核对。如发现个别资料特殊,数据明显偏高或偏低,应及时复查更正,不能凭主观愿望随意取舍或更改试验资料。将试验小区产量结果整理后填入表1-5-1。

表1-5-1　品种比较试验产量结果

品种名称	区组（小区产量）/kg				处理和 /kg	品种小区 平均产量/kg
	区组Ⅰ	区组Ⅱ	区组Ⅲ	区组Ⅳ		
……						
总和						

2. 试验结果的统计分析

在品种比较试验中各小区产量(或其他性状)的差异是受 3 个主要因素影响造成的,即品种本身的差异,每一重复存在着的不同土壤肥力的差异和偶然的误差。随机排列设计的品种比较试验结果可以用方差分析法进行分析,结果按照表 1-5-2 整理。用方差来度量各种因素引起的变异,并通过该分析方法比较参试品种间差异是否显著。

表 1-5-2　品种比较试验产量方差分析表

变异来源	自由度	平方和	均方	F 值
区组间				
处理间				
误差				
总变异				

3. 分析各处理间的差异显著性

如果计算所得 F 值大于 $F_{0.05}$(或 $F_{0.01}$ 值),说明品种间差异显著(或极显著),可进一步比较参试品种间(包括与对照品种)的均数差异显著性。用 LSD 法测验品种间产量平均数差异显著性(即多重比较),结果列表格式如表 1-5-3 所示。各产量由高到低排列。

表 1-5-3　品种比较试验平均产量的差异显著性

品种	小区平均产量/kg	差异显著性	
		5%	1%
……			

用差异显著最低标准衡量各品种两两之间产量平均数的差异显著性。若两个平均数之间的差异$>LSD_{0.05}$,则表明差异显著;差异$>LSD_{0.01}$,则差异极显著;差异$<LSD_{0.05}$,则差异不显著。用一个星号"＊"表示差异显著,两个星号"＊＊"表示差异极显著,并标于每个差值的右上角。若两个均数之差不显著,则不标任何符号,也可用大小写字母表示。

(四)试验总结

品种比较试验的总结是一项十分重要的工作,必须实事求是,认真对待。总结时,分析问题要全面,结论要有实际资料作为依据,总结报告要求文字简要,结论要明确。

品种比较试验总结报告无统一的格式,但一般应写明以下几方面的内容。

1. 试验目的

说明为什么要进行本试验,通过本试验要解决的问题,对于发展生产具有什么意义等。

2. 供试品种的来源及选育单位

应说明供试品种的育成方法,如杂交育成应写出组合名称和选育单位。

3.试验实施概况及气候条件

应写明试验地的情况（如地势、土质、前作和肥力等）、田间排列方式、小区的面积和形状、重复次数、观察记载的主要项目，以及试验过程中所采用的一系列栽培措施，如整地、播种、施肥、中耕和防治病虫害等。试验过程中的主要气候等情况。

4.试验结果与分析

试验结果应根据试验所取得的各项资料，从主要性状如生育期、各产量构成因素、抗病性、品质和产量等方面进行分析，简述各品种的表现，并和对照比较后，做出明确的结论。

5.品种简评

根据产量分析和其他经济性状观察记载资料对优良的品种进行评价，说明优缺点和意见。

五、要求

（1）结合具体的品种比较试验，进行田间主要性状调查记载和测产，并对试验数据进行方差分析和品种间产量差异显著性检验，写出试验总结报告。

（2）哪些因素可影响品种比较试验及区域试验的精确性？在实际工作中应注意哪些问题？

（3）教师引导学生将此方法运用到其他类型（如施肥、种植密度等）的工作中。

第2部分　作物育种技术

训练 1　种质资源的研究分析

一、目的

了解主要作物种质资源田间调查记载项目、方法、标准和意义，并做相关研究分析。

二、内容说明

种质资源，也称品种资源，是指具有特定种质或基因，可供育种及相关研究利用的各类生物类型。种质资源是经过长期自然演化和人工创造而形成的一种重要的自然资源，它是现代作物育种的物质基础。为了有效地开展育种工作及有关理论问题的研究，必须广泛搜集种质资源，经整理归类后进行种植观察鉴定，以供育种工作者了解各种质资源的特点及应用。育种工作者拥有种质资源的数量与质量，以及对其研究的深度和广度是决定育种成效的主要条件，也是衡量其育种水平的重要标志。

在育种工作的过程中需要观察鉴定所选材料的各项农艺性状。掌握作物育种试验的性状记载标准和方法是从事作物育种工作的一项基本技能。田间调查在整个生育期中要进行多次。不同试验内容和材料的调查项目和方法不完全一样，尤其是作物的物候期、植物学特征和生物学特性等性状，只能在全生育期中的某个阶段表现出来，因此对它们的鉴定和选择只能通过田间调查记载来完成。

种质资源的研究和育种试验的性状记载包括田间观察鉴定各材料的生育期和主要农艺性状、经济性状和抗逆性等表现。只有掌握各项目的观察记载标准，并对所鉴定的材料做出初步分析评价，才能了解所利用的种质资源和育种材料的优缺点，将其作为评选育种材料的重要依据。

三、材料及用具

1. 材料

水稻、小麦、大豆和玉米育种试验的原始材料圃、鉴定圃或品种比较圃。

2. 用具

记载纸、铅笔等。

四、方法步骤

（1）根据指定的材料或品种，按育种试验的性状记载标准，从苗期到成熟期对主要性状进行观察记载。妥善安排调查记载项目，力求重点突出，避免烦琐。

（2）记载内容应注明材料编号、品种（系）名称、种子来源、原产地等一些相关信息。

（3）记载以铅笔为好，以免雨水等污染数据。记载数据均应有备份，以免遗失而造成无法弥补的损失。

（4）将记载的数据及时汇总整理，比较各材料性状间的差异及其特点。

五、主要作物育种试验的性状记载标准

（一）水稻育种试验的性状记载标准

1. 生育时期

（1）浸种催芽期　实际浸种催芽的日期，以月、日表示（下同）。

（2）播种期　实际播种的日期。

（3）出苗期　全小区有 50% 的秧苗第一片叶突破叶鞘，叶色转绿的日期。

（4）三叶期　有 50% 的秧苗第三片真叶展开的日期。

（5）移栽期　实际移栽的日期。

（6）返青期　移栽后，植株叶片由黄转绿，50% 以上的植株展开一片真叶的日期。

（7）分蘖期　可细分为以下三期。

①分蘖始期：10% 的植株第一分蘖露出叶鞘约 1 cm 的日期。

②分蘖盛期：80% 以上的植株开始分蘖的日期。

③分蘖末期：也称出叶转换期，是营养生长与生殖生长的分界期。50% 的植株叶鞘由扁变圆，下部节间开始伸长的日期。

（8）有效分蘖数　取定点的 5～10 株调查，凡结实 10 粒以上的分蘖为有效分蘖（白穗可视为受虫害的有效分蘖）。

（9）拔节期　有 50% 的植株地上第一节间达 1 cm 以上时为拔节期。

（10）孕穗期　有 50% 的植株剑叶全部露出叶鞘，叶鞘已呈"秆子"形的日期。

（11）抽穗期　50% 的植株穗顶露出剑叶鞘的日期。

（12）乳熟期　即灌浆期，50% 以上的稻穗中部籽粒内容物充满颖壳，挤压籽粒有乳浆流出。

（13）成熟期　早稻每穗有 90% 的谷粒黄熟，稻穗基部青谷中的米粒已坚硬时，晚稻每穗饱满，谷粒全部黄熟时为成熟期。

（14）生育期　从出苗到成熟的天数。

2. 植株性状

（1）整齐度　主穗和分蘖穗高矮整齐，稻穗大小一致，成熟期一致，分整齐、中和差。

（2）品种形态　分穗重型、穗数型、穗粒兼顾型。

（3）包颈　分包颈、部分包颈、不包颈。

（4）株高　调查定点的 5～10 株，由地面量至穗顶部（cm），芒不计。分高秆（120 cm 以上）、中秆（100～120 cm）、半矮秆（70～99 cm）、矮秆（70 cm 以内）。

(5) 有效穗数　在抽穗后,调查定点的 5～10 株,每株的有效穗数(凡抽穗结实 5 粒以上的稻穗均为有效穗)。

(6) 茎秆角度　茎秆角度根据种植在整个小区的植株生长情况,分为以下几种类型。

①直立型:与垂直线所成角度小于 30°。

②中间型:角度为 30°～45°。

③散开型:角度为 45°～60°。

④披散型:角度大于 60°,但茎秆不平铺于地面。

⑤匍匐型:茎秆或茎秆下部平铺于地面。

(7) 叶片茸毛　叶片表面可分为以下几种:①无茸毛(光滑),包括边缘带有毛;②中间型;③有茸毛。

(8) 叶色　叶色可分为以下几种:①浅绿;②绿;③深绿;④顶端紫色;⑤叶缘紫色;⑥紫色斑点(紫色混有绿色);⑦紫色(全部)。

(9) 基部叶鞘色　在分蘖期到孕穗期的叶鞘外表的颜色分为以下几种:①绿色;②紫色线条;③浅紫色;④紫色。

3.穗部性状

(1) 穗长　定点的 5～10 株收回晒干,测量主茎或全部稻穗,从穗茎节至穗顶谷粒处的长度(cm),芒不计,取平均值。

(2) 穗型　成熟期记载,根据分枝模式、一次分枝角度和小穗密集程度分为密集型、中间型和散开型。

(3) 穗伸出度　穗抽出剑叶鞘并在开花以后穗的伸出度分为以下几种类型。

①抽出良好:穗基部现露在剑叶叶枕之上。

②抽出较好:穗基部稍现露在剑叶叶枕之上。

③刚好抽出:穗基部与剑叶叶枕恰好重叠。

④部分抽出:穗基部略在剑叶叶枕之下。

⑤紧包:稻穗部分或完全包被在剑叶叶鞘内。根据小区内大多数植株进行评定。

(4) 穗枝数　计算每穗的穗枝梗数,取平均值。

(5) 复枝数　计算每穗二次枝梗数,每一枝梗应有 2 粒以上,取平均值。

(6) 每穗粒数　测定总粒数、实粒数、空瘪谷数(5～10 株)。品种每穗数可分为多(150粒以上)、中(100～150 粒)、少(100 粒以下)三级。

$$结实率(\%)=每穗实粒数/每穗总数×100\%$$

(7) 脱粒性　用手抓成熟稻穗给予轻微压力,根据脱落谷粒的程度分为以下几种:①难(少或无谷粒脱落);②中等(25%～50%谷粒脱落);③易(谷粒脱落在 50%以上)。

(8) 着粒密度　单位厘米粒数,即一穗粒数/穗长。

(9) 落粒性　成熟时谷粒从稻穗上脱落的程度,分为以下几种:①很低(1%以下);②低(1%～5%);③中等(6%～25%);④较高(26%～50%);⑤高(50%以上)。

4.谷粒(小穗)性状

(1) 芒的有无　齐穗后芒的性状可分为以下几种类型。

①无芒:完全无芒或主穗中有芒粒数在 10%以下。

②短芒:芒长在 1 cm 及以下。

③中芒:芒长 1.1～3.0 cm。

④长芒:芒长 3.1～5.0 cm。

⑤特长芒:芒长 5.1 cm 及以上。

(2)芒色　成熟时记载芒色。分为以下几种:①秆黄色;②金黄色;③褐色(茶褐色);④红色;⑤紫色;⑥黑色。

(3)颖尖色　成熟时的颖尖色可分为以下几种:①白色;②秆黄色;③褐色或茶褐色;④红色;⑤顶端红色;⑥紫色;⑦顶端紫色。

(4)柱头色　在开花时(上午 9 时至下午 2 时)可借助放大镜观察确定柱头色。柱头色分为以下几种:①白色;②浅绿色;③黄色;④浅紫色;⑤紫色。

(5)内外颖色　顶端小穗成熟时的内外颖色可分为以下几种:①秆黄色;②金黄色或秆黄色中带有金黄色条纹;③籽黄色中带有褐色斑点;④秆黄色中带有褐色条纹;⑤褐色(茶褐色);⑥浅红色到浅紫色;⑦籽黄色中带有紫色斑点;⑧籽黄色中带有紫色条纹;⑨紫色;⑩黑色;⑪白色。

(6)粒形　分椭圆形、阔圆形、矮圆形、细长形。

(7)不育性　在 5 个稻穗中计算发育良好的小穗占总小穗的比例,分为以下几种:①高度可育(>90％);②可育(75％～90％);③部分不育(50％～74％);④高度不育(1％～49％);⑤完全不育(0％)。

(8)千粒重　随机数取晒干(含水量 13％左右)的饱满谷粒 1000 粒,重复 2 次,称量,取平均值,以 g 表示。

(9)谷粒长　从最下面的护颖基部到较长的内颖或外颖的顶部(颖尖)的长度($n=10$),以 mm 表示。有芒品种,谷粒测量到与颖尖相当的地方。

(10)谷粒宽　内外颖最宽部分的距离($n=10$),以 mm 表示。

5.品质性状

稻米品质主要包括碾磨品质、外观品质、蒸煮品质和营养品质。

(1)碾磨品质包括稻谷的出糙率(又称糙米率)、精米率和整精米率。

(2)外观品质是指米粒的形状、大小、透明度和垩白(又称心白、腹白)大小等。

(3)蒸煮品质可以通过稻米糊化温度、胶稠度、胀饭性和香味等来评定。

(4)稻米含有两种不同的淀粉,即直链淀粉和支链淀粉。它们的相对含量与稻米的蒸煮品质和适口性密切相关。稻米直链淀粉的相对含量,主要影响稻米的胀饭性、黏性、柔软性、光泽和食味品质。根据直链淀粉的含量,稻米可以分为三类,即高直链淀粉稻米、中直链淀粉稻米和低直链淀粉稻米。其中高直链淀粉稻米的直链淀粉含量为 25％以上,出饭率高,饭粒大小可达米粒体积的 3 倍以上。但其饭粒硬而松散,黏性差,食味不好。中直链淀粉稻米的直链淀粉含量为 20％～25％,其胀饭性和食味品质居中。低直链淀粉稻米的直链淀粉含量在 20％以下,其直链淀粉的分子量也相对较小,出饭率在 2～2.2 倍之间,米饭柔软,黏性好,食味也好,冷饭重蒸后仍如新鲜饭一样。

6.抗性性状

(1)抗寒性　苗期在寒潮过后,观察植株叶色变化,叶片凋萎程度,烂秧、死秧情况,分三级。生长正常,苗色不变为强;苗呈黄至白色为中;苗呈褐色至死亡为弱。晚稻孕穗期至抽穗扬花期遇低温冷害后,调查结实率降低和减产程度,按结实率降低幅度,将品种抗寒性分为 1～5 级:1 级为强,结实率降低 5 个百分点以内;2 级为中强,结实率降低 5～10 个百分点;3 级为中,结实率降低 11～20 个百分点;4 级为中弱,结实率降低 21～30 个百分点;5 级为弱,结实率降低 30 个百分点以上。

（2）抗倒伏性　成熟期调查，分为以下几种：①强（植株直立）；②较强（倾斜度不超过 15°）；③中等（倾斜 15°～45°）；④弱（倾斜 45°以上，部分穗触地）；⑤很弱（全部植株平伏）。

（3）田间抗病性　分别在出苗期、分蘖期、拔节期和乳熟期调查白叶枯病、纹枯病、叶瘟、穗颈瘟等病害。病情按国标九级分级标准分级。

（二）小麦育种试验的性状记载标准

1. 生育时期

（1）播种期　播种日期，以月、日表示。

（2）出苗期　全区有 50% 以上的植株幼芽鞘露出地面时的日期。

（3）基本苗　每小区取有代表性的 1～2 行或固定样段 3～5 个，于幼苗出土后计算苗数，然后折合为每亩苗数。如每一取样段取长 0.5 m×（播幅＋幅距）m 的样方一个，数清样方内基本苗数，求出每亩基本苗数。

$$每亩基本苗数 = \frac{样方内平均基本亩数 \times 666.67 （m^2） \times 土地利用率}{0.5 （m） \times （播幅 + 幅距）（m）}$$

（4）每亩最高苗数　即在分蘖终止时在固定取样区内，数清样方内总苗数，按每亩基本苗数的求法，求出每亩最高苗数；或以分蘖终止时的单株分蘖数乘以每亩基本苗数，求得每亩最高苗数。

（5）幼苗生长习性　在出苗后一个半月前后记载，北方在返青前可再核对一遍。一般分三级："伏"（匍匐地面）、"直"（直立）和"半伏"（介于以上两者之间）。

（6）分蘖期　全区有 50% 以上的植株第一分蘖露出叶鞘时的日期。

（7）拔节期　全区有 50% 以上的植株第一节抽出地面 1～2 cm 的日期。

（8）抽穗期　全区有 50% 以上的植株穗部顶端小穗（不算芒）露出剑叶的日期或叶鞘中上部裂开见小穗的日期。

（9）成熟期　全区有 75% 以上的植株籽粒大小、颜色正常，内有黄蜡硬度（植株茎秆除上部 2～3 节外，其余全部呈黄色，上部叶呈黄色）相当于蜡熟后期。

（10）分蘖数　可用上述调查基本苗的固定样段进行调查，分为以下三类。

①冬前分蘖数：在封冻前调查，折算成以万/亩表示。

②最高分蘖数：一般在返青后分蘖数达最高峰时调查，折算成以万/亩表示。

③有效分蘖数（穗数）：在成熟前调查，以万/亩表示。以最高分蘖数除以有效分蘖数再乘 100% 即得有效分蘖率，称成穗率。

（11）生育期　从出苗到成熟的总天数。

2. 植株性状

（1）株高　从地面至穗顶端（不连芒）的长度，以 m 计算。成熟前调查。

（2）株高整齐度　分整齐、中等整齐、不整齐三种。株高相差 10% 以下为整齐，10%～20% 为中等整齐，20% 以上为不整齐。单株分析以每个单株穗间整齐度为准。

（3）株型　在拔节至抽穗前记载叶片着生的角度，分松散、中间、紧凑三种。

（4）叶型　拔节至抽穗前，按叶片着生角度，分为披散、中间、挺直三种。叶形分宽、中、窄三种，叶色分深、中、淡三种。

3. 穗部性状

（1）穗形　分为以下六种。

①纺锤形:穗子两端尖,中部稍大。

②长方形(柱形):穗子上、下、正面、侧面一致。

③圆锥形:穗子下大,上小,呈圆锥状。

④棍棒形:穗子下小,上大,上部小穗着生紧密,呈大头状。

⑤椭圆形:穗短,中部宽,两端稍小,近似椭圆。

⑥分枝形:小穗分枝。

(2) 穗长　自穗基节至顶端(不连芒)的长度,以 cm 计算。

(3) 小穗数　分别记载每穗总小穗数、结实小穗数及不结实小穗数,一般取样 25 穗计算。(要注意所取样本应按比例包括大、中、小穗,以下计算其他穗部性状取样同此。)

(4) 每穗结实粒数　按上述取样调查平均每穗结实粒数,或在收获前用 3~5 点取样,每点 20~50 穗,混合脱粒后,用穗数除总粒数求得。

(5) 小穗粒数　一般观察中部小穗的结实粒数。

(6) 小穗密度　以穗长除总小穗数(包括不实小穗)求得,或目测分密、中、稀三级。

(7) 落粒性　在成熟时记载,分为紧(颖壳紧,用手搓压,不易落粒)、中(颖壳较松,用手搓压,容易落粒)和松(颖壳很松,种子部分外露,用手一触即落)。

4. 籽粒性状

(1) 粒色　分红色(包括淡红色)和白色(包括淡黄色)。

(2) 粒形　分长圆形、卵圆形、椭圆形、圆形。

(3) 粒长　分长(8~19 mm)、中(6~7 mm)、短(4~5 mm)。

(4) 千粒重　数两份 1000 粒种子称量,求其平均值,以 g 表示。

(5) 粒质　分硬质、半硬质、软(粉)质三级,一般取样 100 粒,用小刀横切断籽粒,观察断面,以硬粒率超过 70% 为硬质,小于 30% 为软质,介于两者之间为半硬质。硬质率的计算方法:玻璃质为硬粒,粉质为软粒,玻璃质和粉质参差的为半硬粒(即硬粒有粉斑),计算时以两个半硬粒折合为一个硬粒。其公式如下:

$$硬粒率(\%)=(硬粒数+半硬粒数\times0.5)/每次取样粒数\times100\%$$

(6) 颖　分有茸毛与无茸毛,颜色分红色与白色。

(7) 芒　分四级(无芒与顶芒统属无芒,短芒与长芒统属有芒)。

①无芒:完全无芒或芒极短。

②顶芒:穗顶有短芒。

③短芒:芒长在 4 cm 以下。

④长芒:芒长在 4 cm 及以上。

(8) 谷草比及收获指数　称取 60 m² 所生产的籽粒干重与同面积齐泥割下的稻秆干重,或以考种材料的样本,将籽粒与稻秆分别晒干或烘干称量,然后计算其比值。

$$谷草比=籽粒干重/稻秆干重$$

$$收获指数=籽粒干重/(籽粒干重+稻秆干重)$$

(9) 产量　晒干扬净实际收获的麦粒并称量(注明实收面积),折算成每亩产量。试验小区收获时应去边行。

5. 抗性性状

(1) 抗寒性(冻害)　于返青前及每次冻害发生后记载,注明时期及低温情况。分为以下四级。

0 级：无冻害。

1 级：叶尖受冻发黄。

2 级：叶片冻死一半。

3 级：叶片全枯或植株冻死。

（2）抗倒伏性　同时记载倒伏日期、面积（倒伏植株占全区的百分率）、程度。倒伏程度分为以下四级。

0 级：植株直立未倒。

1 级：倒伏轻微，其植株倾斜角度为 0°～15°。

2 级：中等倒伏，其植株倾斜角度为 16°～45°。

3 级：倒伏严重，其植株倾斜角度为 45°以上。

（3）耐旱性　按叶片萎缩程度在下午 1—3 时，日照强、温度最高时记载，按其程度分为以下五级。

1 级：全部叶片均凋萎并干枯。

2 级：植株上有一半以上的叶片凋萎，显著变黄。

3 级：植株上的叶片凋萎将近一半。

4 级：观察到微弱的凋萎和叶片变黄的现象。

5 级：植株生育基本良好，看不到有明显的干旱现象。

（4）小麦品种对条锈病菌反应型的分级标准

①免疫型：叶片健康，没有病害症状。

②近免疫型：叶片上有点滴枯死斑和失绿反应，但无夏孢子堆。

③高抗型：叶片夏孢子堆很小且很少，孢子周围有褪绿和枯死斑。

④中抗型：夏孢子堆小到中等，较分散，周围有枯死和失绿反应。

⑤中感型：夏孢子堆中等大小，数量较多，周围组织无枯死反应，但有失绿现象。

⑥高感型：夏孢子堆大而多，连成条纹，串联成片，早期叶片既无枯死也无褪绿现象。

6. 品质性状

面筋是衡量小麦品质的一个重要指标，小麦品质的好坏主要取决于面筋的含量和质量，它既反映小麦的营养品质性状，又反映其加工品质性状。面筋含量多，且延伸性和弹性都好的小麦面粉能做出疏松多孔的面包和馒头。

（三）玉米育种试验的性状记载标准

1. 生育时期

（1）播种期　播种的日期，以月、日表示（下同）。

（2）出苗期　全区幼苗出土高 2～3 cm 的穴数达 60%以上的日期。

（3）抽雄期　全区 60%的植株雄穗尖端露出顶叶的日期。

（4）散粉期　全区 60%的植株雄花开始散粉的日期。

（5）抽丝期　全区 60%的植株雌穗已抽出花丝的日期。

（6）乳熟期　籽粒干重迅速增加，籽粒达到正常大小，胚乳内含物呈乳白浆糊状。

（7）成熟期　全区 90%以上的植株苞叶放松，籽粒硬化并呈现出固有颜色的日期。

（8）生育期　出苗至成熟的总天数。

2. 植物学特征

（1）株高　乳熟期选取有代表性的样本数十株，测量自地面至雄穗顶端的高度，以 cm 表示,求其平均值;或用目测法分高、中、低三级记载,对矮化玉米要特别注明。

(2)空秆率　成熟时空秆植株(包括有穗无粒或少于 10 粒)占全部收获调查植株的百分率。

(3)多穗率　成熟时双穗或多穗植株占调查植株的百分率。

(4)穗位高　乳熟期从地面至最下部果穗着生节的高度,单位 cm。

(5)茎粗　乳熟期地面上第三节中部的穗位直径,单位 cm。

(6)植株整齐度　植株开花前后,全区植株生育的整齐程度,包括抽穗、开花、株高、穗位等,以整齐、一般、不整齐三级表示。

3. 生物学特性

(1)叶斑病(包括大、小斑病)　在乳熟期,目测植株下、中、上部叶片,观察大、小斑病病斑的数量及叶片因病枯死的情况,估计发病程度,可按无、轻、中、重四级记载(有条件的可按全国最新的九级标准记载)。

①无:全株叶片无病斑。

②轻:全株下部有部分叶片枯死,中部叶片有病斑,病斑面积占总叶面积的 25% 以上。

③中:植株下部有较多叶片枯死,中部叶片有病斑,病斑面积占总叶面积的 25%~50%。

④重:植株下部叶片全部枯死,中部叶片部分枯死,上部叶片有病斑,病斑面积占总叶面积的 50% 以上。

(2)抗旱性　根据叶片和生殖器官的表现目测鉴定,分抗、一般、不抗三级。

①天气干旱时,在下午 2 时左右观察叶片卷曲、萎蔫的程度和下部叶片变黄变干的程度。

②抽穗、开花期干旱,不抗旱的玉米上部节间缩短,包雄散粉,雌穗抽丝推迟,造成花期不遇。干旱严重时,雌穗不能抽丝,甚至雄穗不能从叶鞘伸出。

③在开花后干旱,不抗旱的玉米果穗形状扭曲,生长不正常,秃顶严重。

(3)抗倒伏和倒折性　抽雄后因各种自然灾害植株倾斜度大于 45°者作为倒伏指标。目测,分四级记载:①不倒;②轻(全区倒伏 1/3 以下);③中(倒伏株占比为 1/3~2/3);④重(倒伏株占比大于 2/3)。

抽雄后,果穗以下部位折断称为倒折。记载倒折植株占调查总株数的百分率(倒折率)。

(4)青枯病　乳熟期调查病株数,以百分率表示。

(5)丝黑穗病、瘤黑粉病　乳熟期调查病株数,以百分率表示。

(6)螟虫　根据茎秆上及果穗外部虫孔多少,以及雄穗等被害程度,分九级表示。

(7)其他病虫害　根据受害程度,按国家最新九级标准记载或用百分率表示。

(四)大豆育种试验的性状记载标准

1. 生育时期

(1)播种期　播种日期,以月、日表示(下同)。

(2)出苗期　子叶出土的幼苗数达 50% 以上的日期。

(3)出苗情况　分良(基本出苗,整齐,不缺苗)、中(出苗有先后,不齐但相差不大,有个别 3~5 株的缺苗段)、差(出苗不齐,相差 5 天以上,有多段 3~5 株的缺苗)三级记载。

(4)生育期　结合我国不同大豆栽培区域、不同播种期类型的生产实际,以当地生产的实际播种至成熟(或出苗至成熟)的天数为标准。

北方春大豆区:极早熟(120 天及以下),早熟(121～130 天),中熟(131～140 天),晚熟(141～155 天),极晚熟(156 天及以上)。

北方夏大豆区:

①夏大豆:早熟(100 天及以下),中熟(101～120 天),晚熟(121 天及以上)。

②春大豆:早熟(105 天及以下),中熟(106～120 天),晚熟(121 天及以上)。

南方大豆区:

①春大豆:早熟(105 天及以下),中熟(106～120 天),晚熟(121 天及以上)。

②夏大豆:早熟(120 天及以下),中熟(121～130 天),晚熟(131～140 天),极晚熟(141 天及以上)。

③秋大豆:早熟(100 天及以下),中熟(101～105 天),晚熟(106 天及以上)。

2. 植物学性状

(1) 株高 自子叶节至成熟植株主茎顶端的高度(cm)。

(2) 主茎节数 成熟植株自子叶节为 0 起至主茎顶端的节数。

(3) 分枝数 主茎上具有两个节以上,并至少有一个节着生豆荚的有效一次分枝数,分枝上的次生分枝不另计数。4 以上为"多",2～4 为"中",2 以下为"少"。

(4) 结荚习性 国外常称生长习性或茎顶特性,分有限结荚习性、亚有限结荚习性和无限结荚习性三类,对于十分典型的有限与无限结荚习性,可附上"＋"号。

(5) 株型 竖立型(矮小、茎硬)、直立型(直立,主茎发达)、棱扇型(主茎明显,分枝较发达,稀植的成熟植株状若扇面)、丛生型(分枝发达,倒伏倾向明显)、蔓生型(分枝很发达,植株细茎蔓生有缠绕倾向,倒伏明显)。

(6) 倒伏性 于初荚期至盛荚期(R3～R4)及完熟期(R8)各记载一次,分级标准:①直立;②15°～20°的轻度倾斜;③21°～45°的倾斜;④45°以上的倾斜倒伏;⑤匍匐地面,相互缠绕。

(7) 裂荚性 于完熟期(R8)后的晴天 5 天左右,于田间目测计数:①不炸荚;②植株上有1％～10％荚炸裂;③11％～25％荚炸裂;④26％～50％荚炸裂;⑤50％以上荚炸裂。

(8) 叶形 分长叶、宽叶两类。

(9) 花色 分白花、紫花两类。

(10) 茸毛色 分灰毛、棕毛两类。

(11) 收获指数 以单株或小区(种粒重量/全株重×100％)得出的百分值。由不计叶重的全株重所得出的值称为表观收获指数。

3. 籽粒性状

(1) 荚熟色 分草黄色、淡褐色、深褐色、绿褐色、黑色五类。

(2) 种皮色 分黄色(对白黄色与浓黄色应指明)、青色(分青种皮与种皮子叶均青色两类)、褐色(分褐色与红褐色两类)、黑色、双色。有明显光泽者可注明。

(3) 脐色 分无色、极淡褐色、淡褐色、褐色、深褐色、黑色。

(4) 粒形 分圆形、椭圆形、扁圆形、扁椭圆形、长椭圆形、肾形。

(5) 百粒重 随机数取完整正常的种粒 100 粒的重量。

(6) 褐斑粒率 种粒上褐斑覆盖占 5％以上种粒数的百分率。

(7) 粒质 按种粒的青粒、霉粒、烂粒、皱损、整齐度、光泽度与破损情况进行评价,分优、良、中、差、劣五级。

（8）产量　水分下降到 13％～15％时的每公顷千克数（折算前为小区克数）。

4.抗性性状

（1）抗孢囊线虫病性　采用病土盆栽种植或田间病圃种植。于孢囊线虫第一代显囊盛期，根据平均每株根系上孢囊数目，划分抗性等级：免疫（0）、抗（0.1～3.0）、中感（3.1～10.0）、感（10.1～80.0）、高感（80.0 以上）。或以待测材料根系的孢囊指数（G）分级，$G<10\%$ 为抗，$G \geqslant 10\%$ 为感。

孢囊指数＝待测材料根系的平均孢囊数/感病对照品种的平均孢囊数×100％

（2）抗灰斑病性　于病圃以喷雾法将指定的菌种于花期分 2～3 次进行接种。记载标准如下所示。

0（免疫）：叶片无病或偶有小病斑。

1（高抗）：多数植株仅个别叶上有 5 个以下的小病斑。

2（抗）：少数叶片有少量中央呈灰白色的病斑。

3（感）：大多数叶片有中量至多量中央呈灰白色坏死的大病斑。

4（高感）：叶片普遍有多量灰绿色大病斑，病斑连片叶早枯。

（3）花叶病毒病抗性　可用苗期叶面毒液摩擦接种法，或者田间自然发病法于花期调查。分五级记载。

0（免疫）：叶片无病。

1（高抗）：叶片轻微起皱，出现花叶斑，明脉，群体的花叶值在 50％以下，生长正常。

2（抗）：花叶较重，叶轻度起皱，病株占 50％以上，植株尚无明显异常。

3（感）：叶有泡状隆起，有重皱缩叶的植株占 50％以上，植株稍矮。

4（高感）：叶严重皱缩，有的呈鸡爪状，矮化、顶枯植株占 50％以上。

（4）食心虫虫食率　一般于室内考种时，以虫食粒重/全粒重×100％的结果表示。也可通过检查标准品种豆荚内被害粒率作为对照，分为五级进行记载：①高抗；②抗；③中抗；④感；⑤高感。

（5）豆秆黑潜蝇为害率　于大豆初花期，每品种取 10 株，剖查主茎与分枝内的虫（幼虫、蛹、蛹壳）量，以高抗品种的平均虫量为 a，高感的为 b，$d = (b-a)/8$。高抗（$<(a+d)$），抗（$a+d$ 至 $a+3d$），中间（$a+3d$ 至 $a+5d$），感（$a+5d$ 至 $a+7d$），高感（$>(a+7d)$）。

（6）抗豆荚螟性　在当地的适应播种期下，播种鉴定材料。于大豆结荚期自每份材料采 200 个豆荚，剥荚调查被害荚百分率。分高抗 HR（0～1.5％）、抗 R（1.6％～3.0％）、中 M（3.1％～6.0％）、感 S（6.1％～10.0％）和高感 HS（＞10.0％）。于室内考种时，以虫食粒重/全种粒重×100％的结果表示，也可作为参考。

六、要求

（1）分组参加两种作物的种质资源或育种材料生育阶段各项指标观察记载，全班汇总后，对不同材料的生育期做出评述。

（2）以你家乡种植的主要作物为例，结合种质资源分析和育种目标要求，提出新作物品种更新的建议和意见。

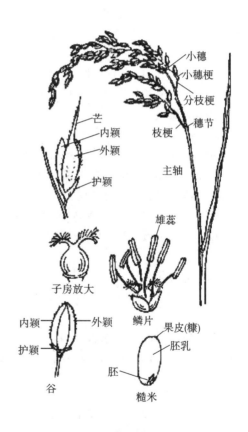

图 2-2-1　水稻的花和果实

训练 2　主要作物杂交育种技术

2-2-1　水稻有性杂交技术

一、目的

了解水稻花器构造和开花习性,初步掌握水稻有性杂交技术。

二、内容说明

(一)花器构造

稻穗由主轴、一次枝梗、二次枝梗、小穗梗和小穗组成(图 2-2-1)。每个小穗由基部的 2 片退化颖片(副护颖)、小花梗和 3 朵小花构成。3 朵小花中,顶端 1 朵正常发育,其下 2 朵均退化,仅见 2 片外稃(护颖)。可育小花有外颖、内颖、2 个浆片、6 枚雄蕊和 1 枚雌蕊。花药有 4 个花粉囊,柱头二裂呈羽毛状。

(二)开花习性

稻穗的开花顺序是上部枝梗的颖花先开,然后依次向下。同一枝梗上往往是顶端颖花最先开,然后再由下向上。1 朵颖花从开放到闭合需 1～2 h,水稻开花的适宜温度为 25～30 ℃,晴天开花时间为 11—13 时,阴天延迟 0.5～1 h。

三、材料及用具

1. 材料

花期相遇的糯稻和非糯稻品种的植株。

2. 试剂与用具

盛有 47 ℃左右热水的热水瓶,量程 0～100 ℃的温度计、剪刀、镊子、牛皮纸袋(7 cm×20 cm)、回形针、塑料牌、铅笔、真空泵、70% 乙醇、1% I_2-KI 溶液。

四、方法步骤

(一) 选株选穗

用作母本的植株应具有该品种的典型性状,生长健壮、无病虫害。选取稻穗已伸出剑叶叶鞘 3/4 或全部,前一天已开过少量花的植株用于去雄。这样的稻穗有大量即将开放的颖花供去雄用。可将选好的母本植株移栽到一个盆体中,进行去雄杂交。

(二) 去雄

水稻去雄有 3 种方法,分别是温汤去雄法、剪颖去雄法和真空去雄法。

1. 温汤去雄法

(1) 在自然开花前 1~1.5 h,用冷水把热水瓶中的热水温度调节到 43~45 ℃,一般籼稻用 43~44 ℃,粳稻用 44~45 ℃,切勿提高水温以免烫死雌蕊。

(2) 小心地将母本倾斜入调好水温的热水瓶中,持续 5 min。注意不要延长处理时间,切忌将稻穗折断。

(3) 取出稻穗,抖去穗上积水。

(4) 5~10 min 后,用剪刀先剪去处理后未开放的颖花,然后将已开放的颖花斜向剪去上端 1/3。因为只有当天本来就要开花的颖花的雄蕊被烫死,这一点应特别注意。

2. 剪颖去雄法

(1) 整穗　在杂交前一天下午 3 时以后至当天水稻开花之前 1 h 这段时间内,用剪刀将穗部已开过的颖花和 2~3 天内不会开花的幼嫩颖花剪去。

(2) 剪颖　将保留的颖花用剪刀逐一斜剪,剪去其上端 1/3 左右的颖壳。

(3) 去雄　用镊子轻轻地将每朵颖花内尚未成熟的黄绿色的 6 枚花药全部完整地取出。如去雄时花药破裂或已有成熟花药散粉,则应去除该小穗,并将镊子放入乙醇里杀死所蘸花粉。有些粳稻品种颖壳厚,用温汤去雄法不易烫死雄蕊,温汤处理后也不易促使颖壳张开,必须用这种方法去雄。

3. 真空去雄法

(1) 整穗、剪颖　方法同剪颖去雄法。

(2) 去雄　将连接在真空泵吸气孔上的皮管的另一端接上吸雄管(即斜剪一刀的 200 μL 移液管或直径相当的玻璃滴管)。打开真空泵开关,左手稳住颖花,右手捏住吸雄管对准剪开的颖花,利用吸力将其中的 6 枚花药全部完整地吸出。这种去雄方法一般不会碰到柱头。

(三) 套袋隔离

将去雄后的稻穗套上牛皮纸袋(用牛皮纸袋比用透明纸袋好,所结种子明显较重),下端斜折,用回形针固定,以待授粉。

(四) 抖粉授粉

(1) 选择具有父本品种典型性状、生长健壮的植株。

(2) 将正处于盛花的父本穗小心地剪下,或在母本去雄后立即选择当天可开较多花的父本穗逐一剪去每个颖花 1/2 的颖壳,剪下稻穗插在母本植株附近田里,待花药伸出开始散粉时即可进行授粉。

(3) 打开已去雄稻穗上端折叠的纸袋口,将正在开花的父本稻穗插入纸袋的上方,凌空轻轻抖动和转几次,使花粉散落在母本柱头上。

(4)可在授粉后 3 天检查子房是否膨大,以观察杂交是否成功,如已膨大即为结实种子。

(五)挂牌记录

授粉后将纸袋口重新折叠好。用铅笔在纸袋上写明组合代号或名称、杂交日期及操作者姓名。最好将上述内容写在塑料牌上,挂在穗基部。在工作本上做好记录。

(六)收获

一般杂交后 21~25 天收获最佳。过早则杂交种子未蜡熟,过迟则会增加杂交种子露出颖壳那部分被虫食的风险。

五、要求

每个学生杂交 5~10 朵花,记录杂交结果,分析容易存在的问题,并总结经验和体会。

2-2-2　玉米的自交和杂交技术

一、目的

了解玉米雌雄花结构和开花习性,初步掌握玉米有性杂交和自交技术。

二、内容说明

玉米为雌雄同株异花植物,雌、雄穗着生在玉米植株的不同部位,天然杂交率高达 95%以上。

1. 玉米花器构造

(1)雄穗　雄穗着生于植株顶部,由主茎的生长锥分化而成,属圆锥花序。雄穗主轴上生有侧枝,在主轴和侧枝上着生 2 列或 2 列以上的成对小穗。每对小穗中,1 个有柄,位于上方,先开花,另 1 个无柄,位于下方,后开花。每个小穗有护颖 2 枚,小花 2 朵(图 2-2-2)。每朵花有内、外颖各 1 片,中间有雄蕊 3 枚,花药 2 室。每个花药具有花粉粒 2500~3500 粒,全穗有 2000 万粒以上。

(2)雌穗　雌穗由叶腋内的腋芽发育而成。每一植株除了最上部的 4~5 个叶腋内不能产生腋芽外,其余各节的叶腋中均能产生腋芽。但是一般品种在通常的栽培条件下,只有植株上部往下 6~7 节处的腋芽才能发育成 1~2 个果穗。其余各节的腋芽在植株生长发育的早期阶段就自行停止生长而消失,只留下一个很小的痕迹。雌穗属于肉穗花序,其上着生许多纵行排列的成对小穗。小穗无柄,基部有护颖 2 枚,小花 2 朵,其中 1 朵可育,1 朵退化,可孕小花由内、外颖和雌蕊组成。由于雌小穗成对着生,所以玉米果穗上的粒行数都是偶数排列。雌蕊由子房、花柱和柱头组成,抽出的花丝为柱头的延长物,各部分均可授粉。

2. 玉米开花习性

在同一植株上,雄穗抽出时间一般比雌穗早 2~4 天,具有雄花先熟的特征。在正常情况下,抽穗后 2~5 天开始散粉。雌穗吐丝一般要比雄穗开花迟 3~5 天,干旱情况下可延迟 7~8 天。因此,玉米是典型的异花授粉作物。

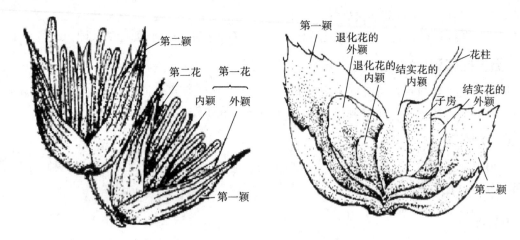

图 2-2-2　玉米花器构造

　　雄穗一般是主轴上中部的花先开,然后向两端依次开放,侧枝的开花是自上而下。开花盛期是在开花后 2～5 天,其中 60% 的花朵是集中在开花后的 3～4 天,此时是采集花粉的最佳时期。整个雄穗从开花开始到结束需 7～8 天,但因品种和环境的不同而有差异。玉米开花的最适温度为 25～32 ℃,相对湿度为 50%～70%。在一天内,玉米开花最盛时间是上午 8—11时,散粉最盛时间是上午 9—10 时,这是授粉的最好时机。在田间条件下,花粉寿命一般可维持 5～6 h,如果将花粉放在温度为 3～10 ℃、相对湿度为 50%～80% 的条件下,花粉寿命可维持 24 h 以上。

　　雄穗散粉后 2～4 天,同株上的雌穗开始吐丝。吐丝次序以果穗中部偏下开始,然后向上、向下依次进行,顶部的花丝抽出得最晚。整个果穗从开始吐丝到结束,一般需要 2～5 天。花丝一经抽出,就有授粉能力,但以吐丝后 2～4 天授粉能力最强。如果花丝吐出后得不到授粉,可继续向前伸长达 40 cm 以上,一经授粉后,雌蕊花丝很快就变软萎蔫。雌穗花丝的授粉能力一般可维持 10～14 天,但抽出花丝 7 天以后授粉,结实率显著降低。

　　玉米花粉很小很轻,靠风传播。在一般情况下,雄穗上的花粉呈圆锥体落于植株周围 6～8 m 的空间处,风大时可传至 500 m 以外。花粉落于柱头 10 min 后,便可伸出花粉管。花粉管刺入柱头,不断向前伸长,通过花柱进入子房,再经珠孔直达胚囊。授粉后 18～24 h,即可受精。受精后 30～40 天,籽粒发育完全,并达到正常大小。

三、材料及用具

1. 材料
早熟玉米自交系若干个,最好选用黄色和白色籽粒两类玉米材料。

2. 试剂与用具
70% 乙醇、大羊皮纸袋、小羊皮纸袋、回形针、纸牌、棉球、剪刀、大头针、铅笔、橡皮。

四、方法步骤

(一)玉米自交技术

1. 雌穗套袋
首先在母本品种中,选择需要自交的植株在雌穗吐丝前用羊皮纸袋套住,以免非本株花粉落上混杂。如果是双果穗或多果穗材料,应选择最上边的一个果穗套袋。

2. 雄穗套袋

观察雌穗吐丝情况,当雌穗吐丝且花丝长度达到 3 cm 以上后可以对其授粉。授粉的前一天,先将雄穗上已有的花粉抖落,然后用大羊皮纸袋将本株雄穗套住,袋口紧紧包住雄蕊基部(穗柄)折叠好,并用回形针卡紧。

3. 授粉

次日上午纸袋上的露水干燥后,用左手轻轻弯下套袋的雄穗,右手轻拍纸袋,使花粉落入袋内,然后取下纸袋紧闭袋口,切忌手指伸入纸袋,更不能触及袋内的花粉。再将袋口微微向下倾斜,轻拍纸袋,以使袋内花粉集中于袋口中间。然后用头上戴的草帽遮住套袋果穗的上方,轻轻将小纸袋取下,把大纸袋内的花粉均匀地撒在花丝上,立即将小纸袋套回。采集花粉最适时间一般是上午 8—11 时,授粉过程中如母本植株上的花丝过长,可以用剪刀将花丝剪去一段,留 2～3 cm。授粉时动作务必轻快,切忌触动周围植物,以免串粉混杂。

自交授粉后,立即在自交果穗上挂牌。重要材料还要在记载表上登记,以防牌子丢失发生差错或漏收。牌上用铅笔注明材料名称(或行号)、授粉方式、授粉日期、工作者姓名。一株授粉结束后,将身体上的花粉清理干净,再进行第二株的授粉工作。

4. 授粉后的管理

授粉后 1 周内,要经常注意纸袋和标牌是否完好,因为随着果穗的生长增大,容易将其顶掉,所以要注意及时套好。

5. 收获、保存

自交果穗成熟后,要及时收获,将果穗与纸牌拴在一起,晒干后分别脱粒装袋保存。除把纸牌装入袋内外,袋外还必须写明材料名称和自交符号。

(二)玉米杂交技术

玉米人工杂交工作中的套袋、授粉和管理工作等与自交技术基本相同,只是所套的雄穗是作为杂交父本的另一个自交系(或品种)而不是同株套袋授粉。授粉后的纸牌上应注明杂交组合名称,或母、父本的行号(♀×♂)。收获后,先将同一组合的果穗及纸牌装袋收获,经查对无误时,再将同一组合的果穗混合脱粒,晒干保存。

五、要求

每个同学在了解玉米花器构造和开花习性的基础上,在指定的材料内做自交果穗和杂交果穗各 2～3 个,成熟后检查自交、杂交结实情况,分析容易存在的问题,并总结经验和体会。

2-2-3　小麦杂交技术

一、目的

了解小麦开花生物学特性,掌握小麦人工杂交技术。

二、内容说明

1. 小麦花器构造

小麦的花排列为复穗状花序,通常称作麦穗。麦穗由穗轴和 10～30 个互生的小穗两部分组成。穗轴直立而不分枝,包含许多个节,在每一节上着生 1 个小穗。每个小穗包含 2 片护颖和 3～9 朵小花,最上部的一个或几个小花发育不完全或退化。一般情况下,只有小穗基部的 2～3 朵发育完全的小花结实,在良好的栽培条件下,可以有 6～7 朵小花结实。因此做杂交时每个小穗只留下基部的 2 朵小花。

小麦为两性花,发育完全的小麦花由 1 枚外稃(或外颖)、1 枚内稃(或内颖)、3 枚雄蕊、1 枚雌蕊和 2 枚浆片(或鳞片)组成(图 2-2-3)。其外稃因品种不同,有的品种有芒,有的品种无芒。雄蕊由花丝和花药组成,花药两裂,未成熟时为绿色,成熟时为黄色。花粉囊内充满花粉粒,成熟时花粉囊破裂,散出花粉粒。雌蕊具有羽毛状柱头、花柱和子房,柱头成熟时羽毛张开接受花粉,子房(倒卵圆形,白色)受精后发育成一粒种子。两片鳞片位于子房与外颖之间的基部,开花时由于鳞片细胞吸水膨胀推开外颖,因而呈现开花现象,以后膨胀减弱,颖片渐渐合拢。

1.麦穗 2.穗轴 3.小穗
4.护颖 5.小花 6.外稃
7.内稃 8.雄蕊 9.雌蕊

图 2-2-3　小麦花器构造

2. 小麦开花习性

(1) 开花时间　小麦抽穗后如果气温正常,经过 3～5 天就能开花;晚抽的麦穗遇到高温时,常常在抽穗后 1～2 天,甚至抽穗当天就能开花;抽穗后如遇到低温,则需经过 7～8 天甚至十几天才能开花。

小麦开花昼夜都能进行。开花最盛的时间随品种、地区和气候条件不同而异。在沈阳地区一般以上午 5—8 时及下午 4—8 时最盛。在正常天气,小麦上午开花最多,下午开花较少,清晨和傍晚很少开花。因此,上午是采集花粉和授粉的最好时间,而母本去雄的最好时间则在清晨和傍晚。

小麦开花时,因鳞片细胞吸水迅速膨大,使内、外颖张开。张开角度为 20°～30°。张开角度的大小因品种和气候条件而变化。天气晴朗,水分充足时,夹角可达 40°;在干旱条件下,会小到 10°,开花时花丝迅速伸长将花药推出。一朵花开放的时间平均为 15～20 min,因品种和气候条件而异。当内外颖张开不久,随着花丝的伸长花药即开始破裂,花粉便落在自己的柱头上,其余花粉随风散布在空气中。

(2) 开花顺序　就全株来说,主茎上的麦穗先开,分蘖上的麦穗后开;就 1 个麦穗来说,中部的小穗先开,上部和下部的小穗后开;就 1 个小穗来说,基部的花先开,上部的花后开。1 个麦穗从开花到结束,需 2～3 天,少数为 3～8 天。干旱天气开花期缩短,潮湿天气可以延长。

(3) 授粉方式　小麦为自花授粉作物,但有一定的天然杂交率,其天然杂交率在 1% 以下。杂交率随气温和品种不同而有区别。小麦开花最适宜的温度为 18～20 ℃,最低温度为 9～11 ℃,如遇旱风和 40 ℃ 以上高温将会受害。开花时如遇到高温或干旱,天然杂交率就容易上升。因为在高温干旱条件下,花粉极易失去生活力(在正常气候条件下,其生活力也只保持几个小时),而柱头的受精能力往往能保持一段时间,在正常条件下柱头寿命可维持 7 天左右,但经过 3～4 天后结实率便明显下降。一旦气温下降或干旱减轻,则能接受外来花粉,发生天然杂交。有些小麦品种,开花时稃片张开较大,开放时间较长,天然杂交的机会增多。授粉后经 1～2 h,花粉粒开始萌发,再经 40 h 左右完成受精。

为了检验杂交是否成功,最好按照显性、隐性对立性状选配杂交亲本。例如:小麦无芒为显性,有芒为隐性;红穗为显性,白穗为隐性;叶片表面有蜡质为显性,无蜡质为隐性。选择有芒品种作母本、无芒品种作父本,或选择白穗品种作母本、红穗品种作父本进行杂交,如果杂种第一代为无芒或红穗,证明杂交获得了成功;如果是有芒或白穗,则说明杂交失败(父本必须是纯合体)。

小麦杂交时,要求父本和母本同时开花,如果两个亲本花期不一致,就需要设法调整开花期,使二者的花期相遇。调整开花期简单有效的方法是分期播种,通常以母本开花期为标准,如果父本开花期太早则延迟播种,太迟则提前播种,如果这样还没有把握使花期相遇,则父本可分几批播种,从中选择最适宜的亲本花朵进行杂交。

三、材料及用具

1. 材料

小麦品种若干个。根据育种目标,选择 2 个品种为材料进行小麦有性杂交。

2. 试剂与用具

70%乙醇、小羊皮纸袋、回形针、标签牌、棉球、剪刀、大头针、铅笔、橡皮、毛笔等。

四、方法步骤

小麦杂交有选择亲本、选穗、整穗、去雄、采粉、授粉和收获等步骤。

1. 选择优良母本植株

按既定杂交组合,选择发育良好、健壮、无病虫害,穗柄抽出高 3～6 cm(当处在高温等不利于生长而利于发育的环境条件下时,应考虑适当降低穗柄抽出高度),但尚未开花,即花药未成熟的植株作为母本。

麦穗初步选中以后,用镊子打开麦穗中部的小花,观察它的花药,如果花药正在由绿变黄,就是理想的杂交穗。因为这样的麦穗当天去雄后,第二天就能授粉杂交。

2. 整穗

整穗时,保留中部 8～10 个发育健壮的小穗,剪掉穗子基部和顶部发育不好的小穗,然后用镊子拔掉每个小穗上发育不良的小花,每个小穗只留基部两朵小花,再用剪刀剪去芒连同外颖顶端 1/4～1/3。

3. 去雄

整穗以后应立即去雄。小麦花在未开放以前,内、外稃紧闭,为了剔除花内的花药,可用手指和镊子将内、外稃分开,然后将花内的花药夹出来。这种去雄方法称为分颖去雄法。分颖去雄法是小麦去雄时常用的一种方法。

运用分颖去雄法去雄时,先用左手大拇指和中指捏住麦穗,用食指轻轻压住要去雄的花朵内、外稃顶部,右手用镊子轻轻插入内、外稃的合缝里,利用镊子的弹性使内、外稃略张开,然后轻轻夹出 3 个花药。注意不要将花药夹破或夹断,也不能碰伤柱头,并且要数清 3 个雄蕊是否已全部取出。

整个麦穗的去雄工作要先从麦穗的一侧开始,从上向下进行,做完一侧再做另一侧,按顺序进行,以免遗漏。去雄时,如发现花药已经变黄或已经破裂,应立即将这朵花除去。每朵花去雄后,应该将镊子浸入乙醇中,杀死可能沾带的花粉。

去雄后套上羊皮纸袋隔离,拴挂标签牌。标签牌上应该注明母本品种名称(或行号),去雄日期,然后用回形针夹住纸袋。标签书写内容如图 2-2-4 所示。

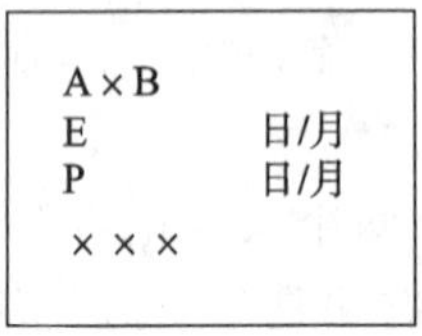

A×B　　　　　　A代表母本品种
E　　　　日/月　　B代表父本品种
P　　　　日/月　　E代表去雄日期
×××　　　　　　P代表授粉日期
　　　　　　　　×××代表授粉者姓名

图 2-2-4　标签书写示范

4. 花粉的采集和授粉

当母本麦穗去雄的小花上,柱头呈羽毛状分叉并带有光泽时,表示柱头已经成熟,应马上进行授粉。采集父本花粉,多选择在去雄后 2～4 天,时间在上午 9 时前,下午 4 时后的花。

小麦授粉一般采用捻穗法和涂抹法。

采用捻穗法授粉,杂交工作效率高,结实率也高。捻穗法授粉步骤如下。

在小麦开花盛期前采集父本穗。选择父本穗时,应选择父本中的中部小穗已有少部分小花开过的穗子。父本麦穗中如果有 1～2 朵小花已经开放,说明即将有更多的花朵开放。用剪刀剪去芒和当日不能开花的小穗,留 3 cm 穗柄将穗剪下。用手握 1～2 min 后,再用剪刀剪开母本纸袋顶部,将整好的父本穗倒插在纸袋内,穗柄应露在纸袋外边,封好纸袋上口。5～10 min 后,用手轻轻捻动穗柄,使其围绕母本穗转动数周。取出父本穗,立即用大头针把纸袋上口折叠别好,并在纸牌上注明父本名称、授粉日期及授粉者姓名。然后剪去纸牌(或塑料牌)的一角,以示授粉完毕。一般父本穗只要有 2～3 个花药良好散粉就可满足授粉的需要。

为了得到更多花粉,也可同时多抹几个麦穗,将开花麦穗弯进光滑纸片叠成的容器中,用镊子轻敲麦穗,将花粉振落在容器中,这种方法称为涂抹授粉法,一次可以采集较多的花粉。采集的花粉不要在阳光下照晒,应立即用来进行授粉。授粉时,先取下母本麦穗上的纸袋,一只手捏住麦穗,另一只手用毛笔蘸取刚刚采集的父本花粉,轻轻抹在柱头上。授粉要按顺序进行,从上向下授完一侧再授另一侧。授粉结束后,要重新套好纸袋,并在纸牌(或塑料牌)的另一面写上父本名称和授粉日期,然后剪去纸牌(或塑料牌)的一角,以示授粉完毕。

在授粉 10 天以后,检查子房是否已经膨大,如已经膨大,说明子房已经受精,要将纸袋摘掉,使杂交穗正常生长发育。母本穗上的纸袋也可一直保留到收获时连同穗子一起收回。

5. 收获

麦穗成熟后,要及时剪下杂交穗,并将每个杂交穗单独脱粒和保存,以供来年播种检验杂交是否成功。

五、要求

每个同学在了解小麦花器构造和开花习性的基础上,在指定的材料内杂交 3～5 穗,成熟后检查杂交结实情况,分析容易存在的问题,并总结经验和体会。

2-2-4　高粱杂交技术

一、目的

了解高粱花器官构造和开花习性,初步掌握高粱杂交技术。

二、内容说明

高粱为常异花授粉作物,以自交为主,但也有 5% 左右的天然杂交发生。目前高粱生产上应用的种子 90% 为杂交种。无论是杂交种还是常规品种,若想使其产量更高、抗性更好、品质更佳,都需要不断对现有亲本系和品种进行改良,这就需要通过杂交来实现。

(一)高粱的花序和花

1. 高粱的花序结构(穗结构)

高粱的花序(穗)为圆锥状,因此称为圆锥花序,由穗轴、枝梗、小穗、小花等基本单位构成。中间有明显的直立主轴,称穗轴。穗轴由 4~10 节组成,每节生长 5~10 个分枝,称为第一级枝梗;从第一级枝梗长出的分枝称为第二级枝梗;从第二级枝梗长出的分枝称为第三级枝梗。小穗就着生在第二、三级枝梗上。

2. 小穗

小穗一般成对存在,分为无柄小穗和有柄小穗,较大的为无柄小穗,较小的为有柄小穗。无柄小穗有 2 个颖片,下方的颖片包着上方的颖片,因此下方的颖片称外颖,上方的颖片称内颖。有柄小穗位于无柄小穗的一侧,形状细长,也有 2 个颖片。

3. 小花

无柄小穗里有 2 朵小花,较上面的一朵发育完好,为可育花;较下面的不育,为退化花。可育花有外稃和内稃,均是膜质。外稃较大,内稃小而薄。在内外稃之间有 3 枚轮生雄蕊和 1 个羽毛状雌蕊。雄蕊由花丝和花药组成,花丝细长,顶端生有 2 裂 4 室筒状花药,中间有药隔相连。雌蕊由子房、花柱、柱头组成,居小花中间。绝大多数退化花仅有 1 片外稃,只有个别品种的退化花可以正常发育并结实,形成一壳双粒。

有柄小穗内也含有 2 朵花,一朵完全退化,另一朵只有雄蕊发育正常,为单性花。极少数品种的有柄小穗具有子房并产生种子,但其所结种子比无柄小穗所结种子小。

(二)高粱的开花习性

一般高粱抽穗后 2~6 天开始开花,也有的品种边抽穗边开花。开花顺序是自上而下,同一水平上的无柄小穗大约在同一时间开花。同一对小穗上,有柄小穗要比无柄小穗晚开花 2~4 天。整个花序从开始开花到结束的时间通常为 6~9 天。每天开花最多的时间是 0—6时。高粱开花时间受温度和湿度影响较大,一般高温干燥开花时间短,低温多湿则开花时间长,但通常在 20~60 min。

高粱花粉直到开花前 1 h 才成熟,并具有萌发力。花粉通常存活 3~4 h,而柱头生活力可达 6~10 天。

三、材料及用具

1. 材料

高粱品种若干个。根据育种目标,选择花期相遇的 2 个品种为材料进行高粱有性杂交。

2. 试剂与用具

70％乙醇、透明纸袋、羊皮纸袋、回形针、标签牌、棉球、剪刀、大头针、铅笔、橡皮、纱网袋、种子袋等。

四、方法步骤

1. 母本(去雄穗)选穗与整穗

根据育种目标,选择生长健壮、发育正常、顶部 1/4 已开花的主穗作为去雄穗,另选一株相似穗作为对照穗。用剪刀剪掉去雄穗已经开花小穗的枝梗和下部的所有分枝,只留下预计第 2 天或第 3 天能够开花的、生长在同一轮次上的 5～6 个一级分枝。为了去雄方便,分枝之间要分散开,并且剪掉过密的无柄小穗和全部有柄小穗,每个枝梗留 7～10 个小穗,这样每个穗留 50～60 个小穗,用透明纸袋套上,用回形针别好,以防止外来花粉进入提前整穗、套穗,可以防止之前落在穗上的花粉沾染柱头而产生天然杂交。给去雄穗和对照穗分别拴上标签牌,注明品种名称。

2. 母本去雄

高粱为雌雄同花,进行杂交之前必须除去雄蕊。高粱去雄的方法有人工去雄、温汤杀雄和化学杀雄 3 种,应用最为广泛的是人工去雄,具体做法如下。

去雄最好在下午 3 时以后进行,去雄的日期不能太早,去雄过早易损伤护颖,使护颖失去伸张能力;也不能太晚,太晚易捏破花药,散发花粉,不能保证去雄质量。

用左手中指、无名指和小指固定住母本高粱穗和枝梗,拇指和食指捏住准备去雄小穗的护颖下部,右手用镊尖拨开内外颖,并伸入内颖,轻轻地将 3 个雄蕊挑出,注意不要伤害柱头。去雄应按照从上向下一个小穗一个小穗、一个枝梗一个枝梗的顺序进行。直至把每个枝梗上的全部小穗做完为止。去雄过程中如不慎将花药捏破,可将这朵小花剪掉,并将镊子在乙醇中浸一下以杀死花粉,待镊子上的乙醇挥发干即可继续去雄。

3. 母本套袋与挂标签

去雄结束后,将透明纸袋套在去雄穗上,用铅笔在标签牌上注明去雄日期、去雄者姓名等。

4. 父本选穗与套袋隔离

去雄结束当天,选择生长良好、具有品种典型特征、上部已开花 1/5 的父本穗,用羊皮纸袋套上,用回形针别好,以防止外来花粉混入,同时挂上标签牌,标签牌上注明品种名称、套袋者姓名等,以备第 2 天或第 3 天取粉。

5. 复检

去雄后第 2 天至授粉前,每天清晨 5—6 时,去田间检查去雄穗。透过透明纸袋查看是否有未去净的花药。如果有,将纸袋打开,用镊尖轻轻将花药取出,注意不要将花药弄破,然后迅速将纸袋重新套上并别好。

6. 授粉

在去雄穗全部开花的当天进行授粉。上午 9—10 时,露水干后将选中并已套袋的父本花粉采入羊皮纸袋,将花粉集中在下部一角并折好,以防花粉散落。父本穗需用羊皮纸袋重新套好。将去雄穗倾斜,取下透明纸袋,迅速将装有花粉的羊皮纸袋套在去雄穗上,捏住羊皮纸袋袋口,摇晃去雄穗和纸袋数次,使花粉均匀散落在去雄穗上。授粉后,再将纸袋用回形针别好。在原来标签牌上加上父本名称、授粉日期等。

7. 后期管理与收获

授粉后 10～15 天,去雄穗、母本对照穗及父本穗籽粒开始灌浆后,需摘去纸袋,换上纱网袋,以免发霉,并可以防止鸟害。

授粉后 50 天左右,在去雄穗、母本对照穗及父本穗籽粒进入蜡熟末期时,进行收获。收获后单独晾晒、单独脱粒,用种子袋装好待下个生长季种植。

五、要求

每个同学在了解高粱花器构造和开花习性的基础上,对 50 个左右小穗进行去雄杂交,成熟后检查杂交结实情况,分析容易存在的问题,并总结经验和体会。

2-2-5　薏苡杂交技术

一、目的

了解薏苡的花器构造和开花习性,初步掌握薏苡有性杂交技术。

二、内容说明

(一)花器构造

薏苡(图 2-2-5)茎上有多个分枝,各分枝顶上生花,末端包有 1 叶,分枝由叶腋间抽出,花序总状或复总状,薏苡花单性,由萼片、花瓣、雄蕊和雌蕊组成,雌雄同株,顶生或腋生,长 6～10 cm,直立或下垂,有梗,小穗单生。雄小穗生于花序顶端,覆瓦状排列于穗轴的每节上,有数丛;雌小穗含 2 朵小花,2～3 枚生于一节,无柄,其余 1～2 枚均有柄,位于总状花序的上部。无柄雄小穗长 6～7 mm,有柄雄小穗与无柄者相似,但较小或退化。雌小穗位于花序下部,内有1 花结实(也有 2 花结实的),1～2 花退化,小穗

1.薏苡植株上部 2.雌蕊及雄小穗 3.柱头 4.雄花序

图 2-2-5　薏苡花器构造

长 2～9 mm,外面包有珐琅质壶形总苞,总苞约与小穗等长,第一小花仅具外稃,第二花外稃短于第一花,具弓脉;内稃较小,雄蕊 3 枚退化;雌蕊具有柱头,深紫色或白色,位于雌蕊顶端,呈分枝状,表面粗糙或有黏液,利于接受花粉。

（二）开花习性

同一株中，主茎先开花，分蘖后开花；同一茎内，先顶穗开花，后腋穗开花，自上而下；同一分枝内，着生在下面的小穗先开花，自下而上。薏苡花期较长，单株整个花期时间可持续 30～40 天，雄穗开花先于雌穗 3～4 天。雄小穗从抽出至开花需要 7～11 天，每一雄穗的花可持续 3～7 天，抽穗后的 19～27 天为扬花盛期，一般上午 7—11 时为开花盛期，其中尤以 9—10 时开花最多，开花最适宜温度为 20～28 ℃，相对湿度为 65％～90％，如遇阴雨、大雾、多露等天气扬花推迟，阵雨、晴天、多风天气利于扬花授粉。

三、材料及用具

1. 材料

花期相遇的父母本植株。

2. 试剂与用具

70％乙醇、剪刀、镊子、塑料微孔透气杂交袋(12 cm×35 cm)、回形针、塑料牌、铅笔、毛笔、白色牛皮纸袋(20 cm×30 cm)。

四、方法步骤

（一）亲本种植

薏苡属于常异花授粉作物，为保持亲本材料的典型性和一致性，防止生物学污染，父本须隔离种植；同时为保证花期相遇，采用错期播种，一般 10～15 天为一个周期，播种 2～3 期，母本可以集中种植，行距适当大些，便于去雄、套袋、授粉等操作。

（二）选株及套袋

选择株型理想、无病虫害、健壮的个别植株套袋，应在晴天上午 10 时左右，植株心叶无露水时套袋，套袋时动作要慢，轻轻折掉顶端叶片，注意不要伤到嫩穗，除套袋的分枝外，其余的分枝全部拔掉，减少养分消耗及水分蒸发，保证套袋籽粒的养分供应。

（三）去雄

薏苡花序为总状，且花期较长，因此，去雄需要多次重复操作，一般间隔 1～2 天需去雄一次，以拔净雄花序为宜，如见雌蕊已萎蔫或生长过长的，则不能做杂交用，直接拔掉。一般一株薏苡做 8～10 粒为宜。

（四）取粉与授粉

1. 取粉

选用株型理想、生长健壮、具有代表性及典型性的父本取粉，取粉前用剪刀剪去已完全开花的雄花序，选用 1/5 开花的雄穗取粉，用白色牛皮纸袋(20 cm×30 cm)对角折叠，将取粉穗放入牛皮袋中，凌空摇晃几次，使花粉散落在纸袋内。打开待授粉的植株，将花粉与柱头轻轻摩擦，即可完成授粉。

2. 授粉

去雄后待雌蕊伸出 3～4 mm 时即可授粉，也可当日去雄后，立即授粉。授粉的父本，应选择健壮植株,花初开,取出其黄色已开裂的花药,并将花药轻轻用指甲压开,见有浅黄色的花粉开始散出,即可用该花药在母本柱头上授粉。授粉的雌花总苞用毛笔刷上油漆标记,便于后期观察。授粉结束后,挂牌,注明组合名称、杂交时间及操作者等信息。

(五)杂交后的管理

授粉后 2～3 天,应检查授粉成功率,观察柱头萎蔫情况,判断是否授粉成功。如柱头萎蔫,则授粉成功;反之,需要再次授粉,同时拔除新抽出的雄花序,去除未做杂交的分枝、分蘖,保证授粉籽粒正常生长,同时用 3 根木条撑住杂交穗,防止风吹折断。

(六)收获

成熟时,将杂交薏苡种子分别采收,挂好内外标签,注明工作者姓名,父母本,并将种子妥善保管,以待明年播种。

五、要求

每个同学在了解薏苡花器构造和开花习性的基础上,对 10～20 个小花进行去雄杂交,成熟后检查杂交结实情况,分析容易存在的问题,并总结经验和体会。

2-2-6　油菜自交和杂交技术

一、目的

了解油菜的花器构造和开花习性,初步掌握油菜的自交和杂交技术。

二、内容说明

1. 油菜的三种类型

凡是栽培的用于收籽榨油的十字花科芸薹属植物,统称为油菜,所以油菜不是一个单一的种,而是包括芸薹属植物的许多种。根据油菜的农艺性状和植物分类特征以及遗传亲缘关系,油菜可分为三大类,即甘蓝型、白菜型和芥菜型。

2. 花器构造

油菜属十字花科芸薹属,常异花授粉(甘蓝型和芥菜型,天然异交率一般为 5%～10%,最高不超过 30%)或异花授粉(白菜型,天然异交率一般为 80% 及以上)作物。油菜的花序为总状无限花序,由主花序和分枝花序组成。在花序上互生许多单花,花由花柄、花萼、花冠和雄雌蕊等组成。花瓣 4 片与花萼 4 片互生,作十字形排列,称十字花冠(图 2-2-6)。雄蕊 6 枚,侧面的一对为短花丝,中央的两对为长花丝,特称四强雄蕊。雌蕊由 2 心皮组成,由假隔膜(胎座框)将子房隔成两室。胚珠着生在心皮的边缘,为侧膜胎座。

3. 开花习性

油菜的开花顺序是先主花序,而后第一分枝、第二分枝花序依次由上而下开放,同一花序的花朵无论是主花序还是分枝花序都是由下向上依次开放。油菜单株花期的长短因品种、气候和栽培条件而异,一般为 20～30 天,每天开花时间一般在上午 7—12 时,以 9—11 时开花最

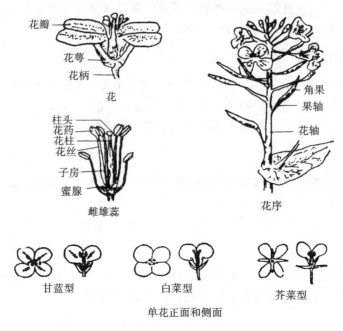

图 2-2-6　油菜的花器构造

盛。油菜开花散粉的最适相对湿度为 75%～85%，最适温度为 14～18 ℃。10 ℃以下开花数减少，5 ℃以下一般不开花。

　　油菜花的雌蕊较雄蕊先熟，且生活力较强，开花前后 7 天内柱头均具有受精能力，但以 2～3 天内受精结实率最高。油菜的花粉落在柱头上 45 min 后即可萌发，经 18～24 h 完成受精过程。

　　4. 油菜的自交不亲和性

　　在油菜杂种优势的利用上，可用优良的自交不亲和系作母本，优良品种作父本，产生强优势的杂交种用于生产，以提高油菜的产量。由于甘蓝型和白菜型油菜的自交不亲和系具有自交不亲和基因，在开花前 1～2 天柱头上可形成一种由特殊蛋白质组成的"隔离层"，它作为一种"感受器"能识别和阻止相同基因型的花粉发芽，一般套袋自交很难得到种子，因此自交不亲和系的保持和繁殖就必须在柱头未形成这类蛋白质的蕾期选株，并采用人工剥蕾后套袋自交或其他方法进行。

三、材料及用具

　　1. 材料

　　不同甘蓝型油菜、白菜型或芥菜型油菜品种。

　　2. 试剂与用具

　　70%乙醇、剪刀、镊子、培养皿、硫酸纸袋、回形针、标签牌、铅笔等。

四、方法步骤

（一）套袋自交

甘蓝型和芥菜型油菜品种一般自交亲和性强,套袋自交容易得到自交种子,方法简便易行。具体步骤如下。

1. 选择花序

选择品种(或品系)典型性状、健壮无病虫害的植株的主花序,以及靠近它的 1～3 个分枝。

2. 摘去花蕾

小心摘去已开放花朵和花序顶端细小花蕾。

3. 套袋隔离

将所选花序一并套入袋内,纸袋下部对折后,用回形针扎口,然后在被套花枝的基部挂上标签牌,标签牌上注明品种名称(或代号)、自交符号和套袋日期。注意:纸袋上部要留有约 10 cm 的空隙,以免影响自交花序的生长。

4. 上提纸袋

套袋后每隔 2 天,需要将纸袋细心上提,以利于花序延伸。必要时,可振动纸袋进行辅助授粉,以增加角果和种子的数量。

5. 去掉纸袋

待顶端花蕾均已开放,且花瓣大部分已脱落,即可于晴天将纸袋取下,以利于角果和种子发育。此时,要注意轻摇花序,使缠连的花序分开,花瓣从花序脱落,从而减少病害发生的可能性。

（二）剥蕾自交

白菜型油菜、甘蓝型油菜的自交不亲和系,其自交不亲和性很强,用一般套袋自交法很难得到种子,为了培育、保存和繁殖白菜型的自交系和甘蓝型的自交不亲和系,必须采用蕾期授粉的方法,以获得自交种子。

先将已开放或即将开放的花朵(蕾)摘掉,选用开花前 2～4 天的幼蕾,用镊子将花蕾顶端剥开,任其柱头外露,不必摘去雄蕊,随即授以同株当天开放花朵的花粉(取套袋花序的花粉)。每次剥蕾 15～20 个,授粉后套袋并挂牌,以后每隔 2～3 天再继续剥蕾授粉,直到整个花序的花蕾被用完为止,或者所剥花蕾数目能够满足所需种子数量时为止。

（三）杂交

1. 选择亲本植株

选择品种特征典型,健壮、无病的植株作亲本。对当选的父本植株,于前几天即可摘去该株上已开放的花朵,留下未开放的花蕾,套上硫酸纸袋,以备采粉之用。

2. 整枝

以当选的母本植株的主花序进行杂交较为适宜,先摘除主花序下部已开放的花朵和已露花瓣的大蕾,留下成熟花蕾 10～15 个,其余幼蕾全部摘去。

3. 去雄

将留下的花蕾逐一进行去雄,操作时用左手大拇指和食指轻持花蕾,右手用镊子从片间轻轻剥开花瓣,摘出 6 枚雄蕊(注意左手要轻,以免折断花柄,右手操作需仔细,切忌损伤雄蕊),整个花序去雄完毕后,可以进行授粉;如不立即授粉,则需套上纸袋。

4. 授粉

在当选父本植株上取当天开放的花朵,在大拇指指甲上试其是否散粉,如已散粉则可用。取得足够花朵盛于培养皿中,记上品种名称,随即将花粉涂抹于已去雄花蕾的柱头上,标签牌上注明母本×父本的名称(或代号),杂交花蕾数,去雄和授粉日期,授粉人姓名。

5. 杂交后的管理和收获

杂交后每两天检查一次,并将纸袋上提,以利于花序和幼果的伸展和发育,7～10 天后,花瓣脱落,幼果开始膨大,即可取下纸袋,并注意防止蚜虫危害,未杂交成功者,要及时补做杂交。成熟时,按花序分收、脱粒、保存,为了以后便于检查真伪杂种,收获时将母本植株上的一枝自交花序一起收获,作为对照,以利于分析。

五、要求

在了解油菜花器构造和开花习性的基础上,分组分别完成 3～5 个单株的自交和杂交实验,成熟后检查自交、杂交结实情况,分析容易存在的问题,并总结经验和体会。

2-2-7 大豆杂交技术

一、目的

了解大豆的开花习性和花器构造,初步掌握大豆的有性杂交技术。

二、内容说明

1. 花器构造

大豆为豆科蝶形花亚科大豆属,为自花授粉作物。总状花序,着生在主茎和第一次分枝的叶腋内(腋生花序)或植株顶端(顶生花序)。通常花序约有 15 朵花,但长花序品种多达 30 朵花。大豆的花由花萼、花冠、雌蕊和雄蕊组成。花萼 5 片,位于花的最外层,基部连合成筒状(图 2-2-7)。花冠呈蝶形,顶端较大的 1 片为旗瓣,两侧对称的 2 片为翼瓣,下面 2 片较小的为龙骨瓣,龙骨瓣呈弓形包被着雌、雄蕊。雄蕊 10 枚,其中 9 枚的花丝连在一起成管状,1 枚单生,为二体雄蕊。雌蕊位于雄蕊中央,花柱较长而弯曲,柱头球形,子房 1 室,内有 1～4 个胚珠。

2. 开花习性

大豆的开花顺序因结荚习性而异。无限结荚习性的大豆,其开花顺序是由内向外,由下向上,随主茎的生长而不断开放,一般不形成明显的顶端花序,花期较长,可达 30～40 天,结荚分散。有限结荚习性的大豆,主茎出现顶端花序较早并较发达,一般主茎中上部先开花,并往上下两个方向和由内向外呈螺旋式开放。花期集中且较短,一般为 15～20 天,同一花序中,基部的花先开,上下相邻两花序的花期相差 1 天,同一花序相邻花朵其花期也相差 1 天左右。从现蕾到开花一般需 3～7 天,雌、雄蕊在开花前已成熟,当花冠展开时花药破裂自花授粉,所以其天然异交率一般仅 0.5%～1%。大豆一般在上午 6—11 时开花,8 时左右开花最盛。始花后的 5～7 天进入盛花期。开花的最适温度为 25～28 ℃,相对湿度为 80% 左右。在自然条件

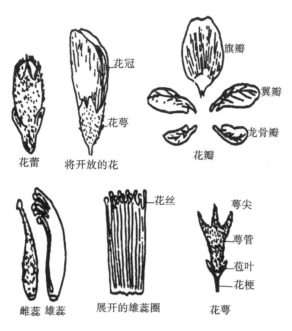

图 2-2-7　大豆的花器构造

下,大豆的花粉生活力一般能保持1 h,柱头的生活力可维持2～3天。大豆开花授粉后花粉在柱头上2 h内即发芽伸入柱头,经8～10 h便完成受精过程。

三、材料及用具

1. 材料
不同大豆品种若干。

2. 试剂与用具
70％乙醇、剪刀、镊子、放大镜、塑料牌、铅笔等。

四、方法步骤

(一) 母本植株及花朵的选择

杂交前应根据育种目标,确定杂交组合。选择基部有1～2个花序已开放的,生长发育良好、健壮、无病虫害的植株。母本为有限结荚类型,则应在选定植株的主茎上,选取上部节间及顶端的花朵,作为杂交之用。去雄用的花朵以花冠露出花萼1～2 mm,柱头已能受精而花药尚未成熟者最适。花朵选定后,应将该花序上其余的花朵全部摘除,一般在1个植株上,可选2～4个花序,1个花序中只留2～4朵花做杂交用。因大豆花很小,杂交较困难,成活率低(约20％),而脱落率又高,因此每个组合应多杂交几朵花。

(二) 去雄

在前一天下午3—7时把适于杂交的花朵先用镊子去除花萼上的茸毛,然后再将花萼上半部摘除,两个较短萼片着生的地方应多摘除一些,因为雌蕊柱头正好面对着这两个萼片。萼片摘除后,用镊子将花瓣一一摘除,或者钳住花冠顶部轻轻地往上拔(凡雄蕊已成熟的花朵,其花瓣容易拔掉;而雌蕊未成熟者,花瓣脆嫩,容易拔断)。花冠拔除后去雄时如不慎使花药破裂,应摘除整朵花,并用乙醇擦洗镊子。

大豆花在开放时已完成自花授粉,所以应在花蕾期去雄。去雄最好在杂交前 1 天下午 4—5 时进行,也可在杂交当天上午 7 时以前进行。

1. 去萼瓣

用左手拇指和食指夹住花蕾,右手持镊子先将萼片上半部分摘除,再将花瓣逐一摘除,或用镊子斜夹花冠上部,轻轻上拔,将整个花冠连同雄蕊一起拔除,使柱头露出,柱头和花药便裸露出来,未成熟的雄蕊,花药完整且呈黄绿色,这时便可用镊子将花药一一彻底摘除(应特别注意单体雄蕊上的花药,因这个雄蕊较短,易隐藏在柱头下面)。

2. 不去萼瓣

如果不去萼瓣,则用镊子将旗瓣和翼瓣分开,使龙骨瓣露出,再用镊子尖沿龙骨瓣的突起部位,将龙骨瓣剖开,用手指压住使雌、雄蕊露出。

3. 去雄

用镊子轻轻夹住花丝除去全部花药,尤其应注意去除易隐藏在柱头下面,花丝较短的单体雄蕊的花药,必要时用放大镜检查去雄是否彻底。花药已成熟并已散粉或去雄时碰破花药,应将该花摘除,并将镊子尖浸入乙醇杀死所蘸花粉。

去雄后,再用放大镜检查柱头是否已授粉,并鉴定柱头是否适于授粉。凡成熟的柱头周围有乳状突起并且分泌像露珠似的黏液,凡未成熟的柱头颜色灰暗没有光泽,不宜做杂交用。

(三) 授粉

上午去雄后即可授粉,若前 1 天下午去雄的,则待次日上午 7—10 时授粉。授粉用的父本宜选择生长健壮、花初开而龙骨瓣尚未分开的花朵,先摘除萼片和花冠,露出花药,取出其黄色已开裂的花药,并将花药轻轻在指甲上压开,见有浅黄色的花粉开始散出,即可用该花药在母本柱头上摩擦授粉。

授粉后,将花序基部发育较迟的花芽去除,否则杂交不易成功。

(四) 隔离

因大豆花朵较小,在杂交时,不使用一般的隔离方法,而常用连在植株上的新鲜大豆叶片包覆整个花簇,并用叶柄固定,这样既可避免异花传粉,又因鲜叶的蒸发而保持杂交花朵周围的湿度,防止去雄后柱头干枯。

(五) 挂牌

授粉完毕后,在杂交花的花柄上挂上塑料牌,写明杂交组合代号或名称、授粉日期及操作者姓名,并做好记录。

(六) 管理与收获

授粉 1 周后,去掉杂交花上包裹的叶片,如杂交成功,则子房已开始膨大,并检查摘去杂交花旁新长出的花蕾。为提高杂交成荚率,应加强水分管理,如遇干旱,杂交圃要及时灌溉,保持土壤水分充足,田间小气候湿润。

成熟后,按组合及时收获杂交豆荚,晒干脱粒后,将同一组合的杂交种子连同塑料牌一起装入种子袋中,妥善保存,以待明年播种。由于大豆花较小,杂交较难,脱落率高,故杂交时需要按计划多杂交一些花,以确保下一代的种子数量。

五、要求

在了解大豆花器构造和开花习性的基础上,每个同学杂交 10 朵花,成熟后检查杂交结实情况,分析容易存在的问题,并总结经验和体会。

2-2-8　烟草杂交技术

一、目的

了解普通烟草的花器构造和开花习性,初步掌握烟草杂交技术。

二、内容说明

(一)普通烟草的主要形态特征

烟草属于植物界被子植物门双子叶植物纲管状花目茄科烟草属,为一年生植物。到目前为止,烟草属共有 66 个种。分别属于普通烟亚属、黄花烟亚属和碧冬烟亚属,其中绝大部分是野生种。现在仍被人们广泛栽培及使用的只有普通烟草(又称红花烟草)和黄花烟草两个种,它们都起源于南美中心的安第斯山脉一带。我国栽培的烤烟和晒烟绝大部分是普通烟草,西北和东北部分省区栽培的晒烟中,有小部分是黄花烟草。

普通烟草种为一年生草本植物,在适宜条件下也可以是多年生。茎直立,茎高 1～3 m,灌木状,基本木质化,茎与主脉多呈淡绿色,也有呈乳白色的(如白肋烟)。全株具有腺毛,叶片大小差异很大,卵圆形至披针形,全绿或淡绿色。叶茎部半包茎呈侧翼或微有侧翼,多数无柄,有的有叶柄。全株叶片数变化很大,从十几叶至数十叶。

(二)花器构造

烟草是典型的自花授粉作物。烟草花为两性完全花,一朵花内有雄蕊和雌蕊,普通烟草的花有短柄,花长圆形,裂片披针形,花冠漏斗状,长 5～6 cm,为花长的 2～3 倍(图 2-2-8)。除少数呈白色外,多数为粉红色至红色。雄蕊 5 枚,多数为 4 长 1 短,也有 3 长 2 短、2 长 3 短的,因品种而异。每个雄蕊有 1 个细长花丝,顶端具有肾形花药 1 个,呈内凹 2 裂。雌蕊 1 枚,柱头 2 裂,内凹,外凸,呈圆形。花柱下端为子房,分 2 室,内有胎座,胚珠整齐地排列在胎座上。一般雌、雄蕊同时成熟,也有雌蕊比雄蕊早成熟 1～2 天的。蒴果卵圆

图 2-2-8　烟草花器图

形,长约 1.5 cm,一般内含 2000～3000 粒种子,每克种子有 1.2 万～1.5 万粒。黄花烟草花冠短,花长约 2.5 cm,黄色或黄绿色,5 裂,裂片近三角形,末端稍尖,花冠宽圆柱形,稍有被毛,长

为萼片的 2～3 倍,蒴果卵圆形至球形,每个蒴果有种子数百粒,其他构造与普通烟草相似。

(三) 开花习性

烟草花朵开放的时间,因品种和气候条件而不同。一般现蕾至开花 8～12 天,花序顶端中心花先开放,整个花序进入盛花期是在中心花开放后的 7～11 天,中心花开放至全部花开完需 25～35 天。早熟品种比晚熟品种花期长。同一品种随播种期、移栽期的推迟,开花期将会缩短,所以春烟开花期比夏烟开花期长 7～12 天,但不同品种略有差异。在云南玉溪,红花大金元、G-28 移栽到现蕾需 45～60 天,现蕾到第一朵中心花开放需 7～10 天,中心花开放后 5～10 天进入盛花期,盛花期持续 15～20 天,中心花开放后至全部花朵(整株花序上的花,不包括腋芽产生的花)开完需 26～34 天。从一朵花来看,从现蕾至花冠开放需 6～7 天,从花冠张开至种子成熟需 28～35 天。白天开花多在 7—19 时,11—19 时为开花高峰,占当日开花总数的 43%;7—11 时开花数占 3%;19—24 时开花数占 24%。环境条件,特别是温度和湿度对开花具有规律性的影响,晴天开花多,开花数占总数的 72%～79%;阴雨天开花少,占总数的 21%～28%。如果前一天温度高、湿度小,第二天开花数就多。

三、材料及用具

1. 材料

大田中处于开花期的不同烟草类型或品种、品系的植株若干。

2. 试剂与用具

70%～75% 乙醇、小剪子、镊子、脱脂棉、杂交纸袋、纸牌、记录本、铅笔、回形针或线绳、培养皿、毛刷等。

四、方法步骤

(一) 选择母本植株和选留母本花朵

根据育种目标,应选择生长健壮,具有该品种典型性状且处于盛花期前的植株作为母本植株,摘除所选植株花序上已经开放的花朵和已经授粉结实的花果,并把第二至第三天不能开放的花也摘除,只保留次日或 1～2 天内可能开放的花朵用于人工去雄。适宜做杂交的母本花朵,其外观特征:花冠顶部微有红色接近张口而未张口,花药尚未开裂柱头已膨大,并分泌黏液,表面湿润。通常每株选留花朵 10～20 朵,视其需要量而取舍。过多,杂交后种子结实不饱满,质量较差;过少,不易得到足够的杂交种子。留足需要杂交的花朵后,将其余的花、花蕾全部剪去,也剪去腋芽,以免混杂。

(二) 母本去雄

去雄的方法很多,目前以人工去雄更好一些,一般是先从花冠中部用剪刀向顶端划开,将 5 个雄蕊剪掉,再从花冠横截面剪去 1/4～1/3,使柱头露出,切忌碰伤柱头。去雄时如果发现花药已开裂,应将此朵花去掉,如手指或器具上粘有母本花粉,应用 70% 或 75% 的乙醇擦去,以免混杂。待整个花序上选留的花朵全部去雄后,即可用预先采集的父本花粉授粉。否则,应先用杂交纸袋将花序罩严,以免混杂。

（三）授粉

父本花粉应取自健壮无病和具有父本品种典型性状的植株。病株、弱株和混杂植株要及早封顶,采集花粉的标准根据杂交时间而定。若边去雄边授粉,宜选花冠刚开放不久、花药即将裂开或花药刚裂开的花朵;若上午采粉,下午授粉,或下午采粉,第二日授粉,可选花药似裂而未裂开的花朵,花药宜淡黄而鲜亮,以保证用成熟度适宜的花粉授给母本。授粉选用毛笔蘸取花粉涂抹在母本柱头上,以柱头上粘满花粉为度,即以柱头上见一层白色为宜。授粉要选晴朗无风的天气,虽然可全天进行,但以上午 8—11 时、下午 3—6 时效果好,授粉后如遇雨,应补授粉一次。在人力充足、花粉量多时,可多次授粉。多次授粉能显著提高杂交成功率、结实率和种子质量,全株授粉结束后,用纸袋罩严。

（四）检查及收种

授粉完毕,将杂交日期、组合号、亲本名称、杂交花朵数以及授粉人姓名等填写在纸牌上,并同时登记在记录本上。授粉 5～7 天,取下纸袋,使其通风透光,并摘去花枝上出现的新蕾。每隔 4～5 天检查一次,共检查 2～3 次,核对杂交新果的数目是否与纸牌和记录本上登记的相同。实际蒴果数等于或少于登记数者均可采用;实际果数多于登记数的应作废。授粉后 1 个月左右,蒴果的果皮变褐色,轻摇烟株,蒴果中有响声,说明种子成熟,便可采收。收种时应按杂交组合分别干燥脱粒,单独储存,以防种子混杂,以备下一年使用。

五、要求

在了解烟草花器构造和开花习性的基础上,每个同学完成 10 朵花的杂交,成熟后检查杂交结实情况,分析容易存在的问题,并总结经验和体会。

2-2-9 马铃薯有性杂交技术

一、目的

了解马铃薯的花器构造和开花习性,初步掌握马铃薯杂交技术。

二、内容说明

马铃薯和其他作物一样,杂种优势的增产效应也很明显,尤其是单交种增产效应更为显著。马铃薯为同源多倍体,其遗传基础复杂。因此,品种间杂交,是马铃薯育种的重要手段。利用品种间杂交的实生种子开展实生薯留种,不仅可由实生种子自其亲体摒除病毒,产生杂种优势,还可综合两个亲本的优良经济性状选育出优良后代群体和新品系。同时,马铃薯的花器较大,便于人工杂交。因此,利用杂交实生种子生产种薯,实践上是可行的,经济效益也非常显著。马铃薯有性繁殖最大的优点:从健康的无退化症状的植株上采种,利用其自身摒除病毒、病害的作用,所培育的实生苗基本上无毒,结的块茎(实生薯),基本上也是无毒种薯。可省去茎尖培养的复杂程序和所采用的检验、鉴定方法。马铃薯有性繁殖是最简单易行、经济有效的一种生物学淘汰病毒的方法。

（一）花器构造

马铃薯为茄科茄属，是典型的无性繁殖作物。在适宜的环境条件下，马铃薯也可通过有性繁殖产生后代。马铃薯的栽培品种都属自花授粉作物，其自然异交率仅 0.5%。

马铃薯的花序为聚伞花序，每个花序有 2～5 个分枝，每个分枝上有 4～8 朵花。每朵花由花柄、花萼、花冠、5 枚雄蕊和 1 枚雌蕊组成（图 2-2-9）。花柄基部有离层，花易脱落；花萼连合成筒状，顶端 5 裂；花冠合瓣呈星轮状，颜色有白色、浅红色、紫红色和蓝色等；雄蕊花药聚生，花丝短而花药长且直立，环抱花柱，呈黄色、黄绿色、橙黄色等；成熟后的花药由粉囊顶开裂而散粉。柱头通常呈绿色乳头状，子房 2 室，内含多个胚珠。

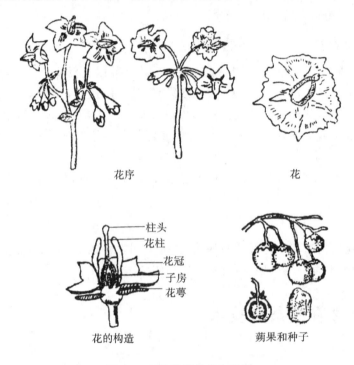

花序　　　　　　　　　　花

柱头
花柱
花冠
子房
花萼

花的构造　　　　　　　蒴果和种子

图 2-2-9　马铃薯的花和种子

（二）开花习性

马铃薯开花的最适气温在 18 ℃左右，相对湿度在 70% 以上，有阳光普照的情况下开花最旺盛。气温在 15～20 ℃ 的条件下，马铃薯可产生较多正常能育的花粉。当气温达到 25～35 ℃ 时，花粉母细胞减数分裂不正常，花粉育性低。

马铃薯开花有明显的昼夜周期性，一般每天早晨 5—7 时开放，下午 4—6 时闭合；阴雨天开放时间推迟，闭合时间提早。每朵花开放的时间为 3～5 天，一个花序开放的时间可持续10～40天，整个植株开花期可持续 10～50 天。主茎花序的开花顺序是由里向外，自上而下。

在自然条件下，花粉的生活力以开花后的第 2 天最强。而柱头有先熟特性，并有较长时间接受花粉受精的能力。

马铃薯花的雌蕊器官成熟特征为花冠新鲜，雌蕊柱头呈深绿色，并分泌出大量黏液，有光泽。雄蕊花药呈橙黄色，顶端有两个明显的黄褐色散粉孔。雌、雄蕊成熟早晚因品种而异。一般情况下，雌、雄蕊同时成熟，而雄蕊是在花冠张开之后，才表现成熟。杂交时，如以该品种为母本,就应在成熟的花蕾中去雄、授粉。如以该品种为父本,就应在开花当日下午采集花粉。

三、材料及用具

1. 材料

不同马铃薯栽培品种。

2. 试剂与用具

70%乙醇、剪刀、镊子、玻璃瓶、脱脂棉、铅笔、塑料牌、酒精盒、硫酸纸袋等。

四、方法步骤

(一)亲本选配

首先,在亲本的选择上要对性状互补、不同类型、不同地理起源的亲本进行配置;其次,根据育种目标,在质量性状上,双亲之一要符合育种目标,母本应选择具有最多优良性状、结实性较好的品种,父本应选择具有需要改良性状、花粉多的品种进行组合,达到取长补短的目的,把亲本双方的优良性状综合在杂种后代同一个个体上。

(二)杂交试验地准备

杂交试验地应选在远离其他马铃薯种植地的区域。为便于授粉及其他田间操作,采用单垄双行种植,垄距 160 cm,行距 60 cm,母株株距 25 cm,底肥要足,早期适当追施磷钾肥。播种时采用平墒,不仅便于管理,而且后期便于将块茎挖出,促进地上植株旺盛生长。植株生长势强花冠才不易脱落,增加杂交期间光照时数,注意浇水,防治虫害和晚疫病,以提高杂交结实率。

(三)选株与整序

1. 选株

于杂交前 1 天下午,选择具有母本品种典型性状、生长健壮、前期开花较多的植株,并选已有几朵花开放或开放不久的主茎花序整序。

2. 整序

用剪刀将所选花序上已经开过的、很小或发育不全的花朵全部剪去,留下 3～5 朵刚开花但粉囊顶孔尚不破裂或次日即将开放的花朵供去雄。

(四)去雄

对自交亲和的品种,必须进行去雄,杂交母本如果是雄花不育,天然不能结实的品种,则不必去雄,可直接授粉。

选择健壮母本植株上发育良好的花序,用剪刀将开过的花和幼颖全部剪去,每个花序选留 5～7 朵发育适度的花(指当日开的花或即将开放的花)。对选留的花朵去雄,左手固定花蕾,右手用镊子尖小心剖开花冠,使雄蕊露出,轻轻去掉花药,并将镊子尖用乙醇消毒,务必要在花药成熟之前完成去雄工作。

去雄完毕后,用硫酸纸袋套上整个花序隔离,下端袋口斜折,用回形针固定,挂上塑料牌,写明母本代号或名称、操作者姓名。

(五)采集花粉与授粉

授粉一般可在去雄后第2天上午8—10时或下午4—6时进行,亦可去雄后随即授粉。

1. 采集花粉

于授粉前一天清晨露水干后,摘取父本当日花朵已开,但粉囊顶孔尚不开裂散粉的成熟花朵20～50枚(视授粉用量而定,如大量制种可多采集,试配新组合则可少采集),装入专用纸袋内。不同父本的花朵分别装在各自的纸袋内,袋上注明父本品种的名称,以防止花粉混杂。将采好的花朵立即携带回室内,放在备好的小碟或培养皿内的光滑白纸上,并在白纸上注明该父本品种的名称。然后将其置于空气干燥的室内阴干18～24 h(避免阳光直射)。如遇雨天,室内湿度大,影响花粉干燥,需加温干燥,温度保持在28～30 ℃,切勿超过30 ℃。

2. 取粉装瓶

在授粉前(晴天下午3时许,阴天不限),将已阴干的花,用振粉器将花粉振出,倒入干净的小瓶(青霉素瓶便可)内,将瓶口塞上脱脂棉。每小瓶倒入花粉量不宜过多(约为小瓶容积的1/3),否则会影响蘸取花粉,并在小瓶上贴上标签,注明花粉的品种名称。

如遇阴雨天,不便进行授粉,或需要储备大量花粉,以及因父母本花期不遇(尤其母本开花太晚),可将已采回阴干好的花粉置于干燥器内,放在室内,避免阳光直射,可保存15天花粉仍有56％的受精能力。马铃薯的花粉在低温条件下丧失活力较慢,在2.5 ℃条件下能保持生活力1个月。如将阴干的花粉储藏在－20 ℃条件下,其生活力可长达两年。

3. 授粉

取下母本花序上的隔离纸袋,将毛笔伸入花粉瓶,用笔尖蘸取花粉,将花粉涂于母本柱头上。当小瓶内花粉将用尽时,可用手指轻轻弹击小瓶外壁,将残存在花药内的花粉弹出,以供继续使用。可重复授粉,重复授粉可以提高杂交结实率及增加浆果结实粒数。要避开炎热的中午,以防影响花粉粒的生活力和发芽力。晴天,以下午3时到傍晚为宜,阴天不限,小雨无妨,可带伞授粉,授粉后临时套上羊皮纸袋,以免雨水冲落花粉,影响结实,次日日晒前或雨停后摘去纸袋,以免纸袋内干热而落花不结实。

4. 防落花

授粉后,在花柄离层处涂上0.1％萘乙酸羊毛脂膏,以防花果脱落,提高杂交结实率。

(六)套袋、挂牌

用硫酸纸袋套上整个花序隔离,并在塑料牌上标明父母本代号或名称和授粉日期,并做好记录。杂交1周后,取下纸袋,为防杂交果脱落或受外伤,此时最好用纱布口袋包起。

(七)收获和储藏

在马铃薯收获前,授粉大约1个月,一般浆果已成熟,应连同塑料牌一起及时收获,以防脱落。收后风干2～3天,以促进后熟作用。风干后,将浆果浸入清水中,至第2天浆果浸泡柔软后,把果内种子洗出、晾干,妥为储藏,以备次年种植。

五、要求

在熟悉马铃薯花器和开花习性的基础上,每人分别去雄、授粉,做10～15朵花的杂交,成熟后检查杂交结实情况,分析容易存在的问题,并总结经验和体会。

2-2-10　杂交水稻繁殖和制种的技术

一、目的

熟悉杂交水稻繁殖制种的基本原理及主要技术环节,初步掌握杂交水稻繁殖制种的技术和方法。

二、内容说明

杂种优势在自花授粉作物中的利用以杂交水稻的选育推广最为突出,主要有三种类型:一是三系法杂交稻,二是两系法杂交稻,三是化杀法杂交稻。目前主要应用推广的是"三系法"杂交稻繁殖制种技术。

杂交水稻"三系法"是指雄性不育系、雄性不育保持系和雄性不育恢复系。

优良不育系的不育性稳定,不育度和不育株率达 100%,其雄性不育性不因多代繁殖和温度等环境影响而出现自交结实;可恢复性好,配合力强,较易配组出强优势组合;花器发达,开花习性好,表现开颖角度大,持续时间长,柱头大而外露率高;穗不包颈或包颈轻等。

保持系实质上是不育系的同核异质类型。保持系除雄性可育外,其他性状均与不育系十分相似。优良的保持系应具有良好的保持雄性不育系的不育性和较好的丰产性,性状整齐一致,花药发达,花粉量多。

优良恢复系应具有如下特点:恢复性能强,与不育系配制的杂交种结实率高,性状稳定,配合力好;具有较好的农艺性状,抗逆性较强,稻米品质优良;开花习性良好,花期长,花时不过早,花粉量多。目前对三系杂交稻的恢复系选育有测交筛选和杂交选育以及辐射诱变等方法。

"三系法"制种就是在一定隔离区内,将不育系与保持系相间种植,让保持系给不育系授粉,即繁殖得到雄性不育系;在另一隔离区内,用不育系与恢复系杂交,即得到可供生产上使用的杂交一代种子(F_1)。为保持 F_1 杂种优势,必须年年制种。保持系和恢复系可分别设隔离区繁殖,也可在上述两个隔离区内通过自交繁殖自身种子。

杂交水稻"三系"制种在开花时,对气候条件的要求比较严格。籼型杂交稻开花一般在日平均气温 24~28 ℃,开花时气温 28~32 ℃,相对湿度 70%~80%,昼夜温差 10 ℃左右,日照充足,有微风的条件下,开花正常,异交结实率高。当日最高温度高于 35 ℃,最低温度低于 24 ℃,或日平均温度低于 22 ℃,开花时穗层气温 26 ℃以下,昼夜温差过大,田间相对湿度低于 65% 或高于 90%,对开花、散粉和异交结实都有明显的不利影响。粳型杂交稻"三系"适宜的日平均气温为 26~31 ℃,低于 20 ℃不开花,在 20~23.9 ℃则很少开花。

杂交水稻的繁殖制种,按其季节来分,有春繁春制(即早稻生产季节的繁殖制种)、夏繁夏制(即中稻生产季节的繁殖制种)、秋繁秋制(即晚稻生产季节的繁殖制种)。以春、夏繁殖制种产量和种子质量均高,经济效益高。秋繁秋制则差,因为前期高温不利于高产苗穗的形成,后期低温阴雨不利于扬花授粉和灌浆结实,且黑粉病严重,影响种子的产量和质量。

三、材料及用具

1. 材料

杂交水稻不育系繁殖田和制种田正在抽穗开花的不育系、保持系、恢复系。

2.试剂与用具

赤霉酸、显微镜、解剖针、手持电动喷雾机或喷雾器、塑料桶、量筒等。

四、方法步骤

（一）计划繁殖与制种面积

在制种工作开始前,必须先对当地杂交水稻的生产情况进行调查,了解当地目前的杂交水稻播种面积、品种组成及种子需求情况等,然后确定要繁殖制种的杂交组合。繁殖与制种的面积可用下列公式估算:

杂交水稻制种面积(hm^2)＝计划播种面积(hm^2)×每公顷大田用种量(kg)/每公顷制种田产种量(kg)

不育系繁殖面积(hm^2)＝计划播种面积(hm^2)×每公顷制种田用种量(kg)/每公顷繁殖田产种量(kg)

当前每公顷($1hm^2＝10000m^2$)杂交水稻的大田用种量一般为 7.5～15 kg,每公顷繁殖和制种田的不育系用种量一般为 45～52.5 kg,父本用种量一般为 7.5 kg。

（二）不育系繁殖技术

不育系繁殖是杂交水稻制种的基础。不育系繁殖的纯度要求为99.5%以上,才能保证杂交制种的纯度和种子产量。相应的不育系和保持系间常属于同型姊妹系。它们的主要形态性状非常相近,在生育期和主要生长特性上存在一定差异。一般不育系开花期要比保持系迟2～3天,始花到终花期要长5～7天,生长势、分蘖力也略高于保持系。不育系株高一般比保持系低 10 cm 左右,在不育系繁殖中花期调节上通常比保持系与恢复系杂交制种要简单一些。技术环节主要包括以下几个方面。

1.选择最佳抽穗扬花期,适期播种

(1) 母本不育系播种　母本适期播种对不育系安全抽穗和授粉结实十分重要。一般是根据水稻开花授粉对环境条件(主要是温度、光照和湿度)的要求,先确定当地的适宜抽穗开花期,再根据父母本的生育期长度,倒转来推算适宜的播种期。水稻抽穗扬花期要避免低温和过度高温,避开伏旱和连绵阴雨等不良天气。

(2) 父本播种　不育系繁殖田中,父本保持系一般分为两期播种,在母本出苗后达 1.5 叶左右时,播第一期父本,当母本达 2.5～3 叶时,播第二期父本。

2.父、母本移栽标准

(1) 行向　根据当地历年出现的多数风向而定,小面积的繁制种同时还要考虑当地的地形。行向与主风向垂直为宜。中国南方夏、秋繁制种南北风为多,一般采用东西向,因东西向阳光充足,有利于不育系开花和花时相遇,同时,东西向与南北成一定角度,有利于传粉。

(2) 行比　繁殖田父、母本行比一般为 1：(4～5)或 2：(6～8)。各地因品种和自然条件不同而异。主要根据父本长势、花粉量和父、母本间株高差异大小而定。

(3) 适宜秧龄　父、母本通常实行分期播种,同期移栽。一般以第二期父本苗龄为准,当达到 4.5～5 叶时即可移栽。若有第三期父本,则把第三期父本延后移栽。

(4) 移栽规格　母本行距一般 16～20 cm,穴距 10～13 cm;父本与母本间留宽行,行距常为 26 cm,穴距 10 cm。采用双行父本时,两行父本间留窄行,行距为 10 cm。每穴通常插两株苗。

(5) 群体构成　不育系每公顷应有基本苗 22.5 万~30 万,最高苗 300 万~375 万,成穗 210 万~225 万;保持系每公顷应有基本苗 15 万左右,最高苗 210 万~225 万,成穗 120 万~ 150 万。

3. 繁殖田的管理

不育系繁殖中往往出现父弱母强的情况,在栽培管理上应注意加强父本的管理。大田苗架管理必须从秧苗期开始。要抓好培养壮秧,做到多蘖壮秧移栽。在大田中,不育系和保持系的生育期均较短,应早施追肥,不要过重施用氮肥,以免导致旺长和花期不协调。

4. 父母本花期预测与调节

(1) 花期预测的方法　花期预测的方法一般是剥检幼穗发育进度,推算出父母本当时距抽穗始期的天数,从而估计父母本花期是否相遇。父母本花期相遇良好的标准:在幼穗分化八个时期的前三期,父本可比母本早一期,在中三期父母本可处于相同期,在后两期,母本可早于父本。若预测到父母本花期不遇,须及早采取调节措施,促使其花期相遇良好。

(2) 父母本花期不遇的调节措施

① 水促或钾促:父本慢于母本,或与母本同期,可采用灌深水或在父本行喷施磷酸二氢钾,以加快父本的发育进程,赶上母本。

② 氮控或旱控:父本快于母本,可对父本行偏施氮肥,同时结合排水搁田,以控制或减慢父本的发育进程,使母本赶上父本。

5. 提高异交结实率的措施

(1) 喷施赤霉酸　赤霉酸具有显著的促进穗颈伸长作用,能克服母本不育系的包颈现象。对于增大颖花开颖角度、提高不育系异交结实率,具有显著的作用。在抽穗初期,一般喷施两次:第一次在抽穗率达 5% 左右时施用,每亩用赤霉酸 4~6 g,加水 30~40 kg 电喷施;第二次在第一次喷施后一至两天进行,每亩用 8~10 g,加水 40~50 kg 喷雾。每次喷施都应在上午父母本开花前结束(大约上午 9 时前),田间应保持浅水层。若植株上露水或雨水过多时,喷施前要先将水珠赶掉。赤霉酸用量若分三次喷施的,各次比例可为 2:3:5,连续三天早晨喷完。喷施赤霉酸时,最好采用雾滴细而均匀的喷雾器,喷头距穗层 33 cm 左右,喷雾要均匀。

(2) 人工辅助授粉　当父、母本开花时,应选择晴朗天气,用竹竿或拉绳进行人工辅助授粉。当早晨田间露水太大时,可用同样方法赶去露水,以降低穗层湿度,提高温度,从而促进母本开花和父本散粉。当温度升高后,父本将大量散粉,这时可采用竹竿或绳子触动父本,使花粉上扬,有利于提高结实。每天辅助授粉 5~6 次,整个开花期可辅助授粉 10 天左右。

(3) 提倡轻割叶　高产制种田由于不育系的繁茂性较好,剑叶过长,妨碍父本花粉的均匀扩散,影响母本的异交结实率。因此,各地普遍推行轻割叶,在 5% 父本穗破口,10% 母本穗始穗时分批割叶,父本割 1/3,母本割 1/2,以减少叶片阻挡花粉,改善母本行的通风透光。这对降低湿度,提高温度,调节田间小气候,协调父母本花时等都有作用。

6. 严格隔离,去杂去劣

不育系繁殖田需与大田生产严格隔离。隔离方式可用空间隔离、时间隔离或其他隔离方式,避免发生串粉。空间隔离的距离应在 100 m 以上,时间隔离相差应在 20 天以上。此外,还可利用房舍、林带和山丘等屏障物进行隔离。

在双亲生长发育过程中,必须进行多次去杂、去劣。一般在苗期、抽穗期和成熟期进行三次。以抽穗前的去杂、去劣最为关键。应及时进行,彻底去掉父、母行中的杂株和劣株。要特别注意除去母本行中的可育株。

7. 及时收获

成熟时，最好先收父本，后收母本。父本收完后，清理检查后，再收母本。收、脱、运、晒、加工、储藏等过程中，都要注意严防机械混杂，对不同种子要随时附上标签。

（三）杂交水稻制种技术

水稻杂交制种是由不育系与恢复系进行的。要获得高产、优质的制种，必须首先做到使双亲安全隔离和安全抽穗，即花期相遇。还应使群体结构合理和长势良好，提高异交结实率。

1. 适期播种，安全抽穗

应根据水稻（特别是不育系）正常开花授粉对环境条件的要求和各地的具体自然条件与品种特性，确定父、母本播种期。参见不育系繁殖中有关播种期的确定方法。在播种期调节中，应特别注意当地常见的自然灾害。例如在四川东南地区，常在7月中旬至8月中旬出现高温伏旱干燥天气，对抽穗扬花极为不利，应将抽穗扬花期安排在7月上旬之前，播种期则应相应提早到3月上旬，甚至2月下旬。

2. 父、母本播种期的确定

杂交水稻制种中，正确调节父、母本播种期是保证双亲花期相遇的基础。花期全遇的标准是"头花不空，盛花相逢，尾花不丢"。父、母本往往需要差期播种。播种期确定的方法主要有下列三种。

（1）生育期推算法 又称时差法。根据当地历年父母本从播种至始穗所需的天数，来确定它们之间的播差期。在夏、秋季节制种，由于各地的气温比较稳定，应用此法推算父母本的播差期，一般不会发生较大的偏差。但在春季制种，因早期的气候变化较大，父本早播，往往受气温变化的影响，生育期年度间的变幅较大，而母本（不育系）迟播，受气温影响小，生育期较稳定。因此，在这种情况下，根据父母本的生育期推算其播差期，会出现较大的偏差，造成花期不遇，尚需结合叶龄差和积温差的推算方法，以确定父母本播差期。

（2）叶龄差推算法 根据父母本从播种至始穗叶片的差数确定其播差期。水稻主茎叶片数是品种的重要特征之一，同一品种在同一地区的不同年份，播种期和田间栽培管理条件相似的情况下，主茎叶片数是比较稳定的，但也因气候和栽培条件较大的改变而发生相应的变化。一般在春制时，低温年份与正常年份相差1~2片，在肥田、冷水田叶片数也会增多。因此，宜采用时差和叶差相结合确定父母本的播差期。

（3）积温差推算法 该法是利用父母本播种至始穗的有效积温差来确定播差期。籼型杂交稻的父母本绝大多数为感温型品种，可随温度的升高发育进度加快，温度降低发育进度减慢。但要发育到某一阶段，需要一定的积温。有效积温是以日平均温度减去生物学下限温度12 ℃和上限温度27 ℃之差的累计数。同一品种某一生育阶段的活动积温变幅较大，而有效积温则较小。从第一期父本播种后的第2天起，将每日的有效积温累翻至差值时即播种母本，一般以在差值的前2~3天播种为宜。此外，由于种子来源、秧苗素质、秧龄、田间小气候和水肥管理等方面原因，还需做适当的调整。

在生产实践中，上述三种方法通常相互结合运用。一般以其中某一种方法为基础，再参考另外两种方法的指标加以调节，能获得更好的效果。

3. 培育壮秧，适龄移栽

壮秧是高产的基础。壮秧的标准是第一期父本为8蘖以上，第二期父本为4~5蘖，第三期父本为 2～3 蘗。母本在移栽时应平均有 2 蘗左右。

（1）壮秧培育　父本常采用两段育秧：第一段是在温室内培育小秧，当小秧达二叶一心时，才寄插到秧田中去；第二段是秧田培育期。在秧田期，应加强水肥管理，培养多蘗壮秧。母本播种时，由于气温已升高，一般是在秧田中直接播种育秧。

（2）适龄移栽　春播春制时，父本秧龄一般为 30～35 天，一般中熟父本叶龄达到 7～8 叶，晚熟父本达 8～9 叶。母本秧龄则以 20～25 天为宜，叶龄为 5～6 叶。

4. 移栽密度和规格

（1）行比　父母本行比因父母本株高长势差异和花粉量而定。目前多用 1：（10～12）。也可采用早熟组合 2：（12～14），中熟组合 2：（14～16），晚熟组合 2：（16～18）。

（2）密度及排列方式　在不同地区和不同亲本组合中，适宜密度有所不同，差异较大。母本行距一般 13～16 cm，穴距 10～11 cm，每穴 2～3 苗（不计分蘗），每穴基本苗（含分蘗）为 6 个左右。每公顷基本苗 40.5 万～48.0 万。父本采用单行方式时，父、母本一般留宽行，距离为 33.3 cm；父本采用二行方式时，早熟组合可采用（16.5＋33.3）cm 规格（即两父本行之间为窄行，距离 16.5 cm；父本行与母本行之间为宽行，距离 33.3 cm），中熟组合为［16.5＋（33～40）］cm，晚熟组合为（20＋40）cm。穴距一般 14～16 cm。可把三期父本栽于同一行中，比例以 1：2：1 为宜，排列方式可用①②③②作一组连续排列。也可采取二期父本与第一、三期父本分行栽植。第一、二期父本每穴栽 1～2 苗（不含分蘗），三期父本栽 2～3 苗（不含分蘗）。每穴基本苗（含分蘗）8 个左右，可达每公顷基本苗 37.5 万～52.5 万，保证成穗 120 万～165 万。

5. 加强管理，长好苗架

制种田管理是达到高产合理群体结构的重要环节。主要措施是选好田块，培育多蘗壮秧，科学管水和合理施肥等。父母本都要求生长健壮、平衡发育，母本要求小花数多，父本特别要求花粉量足，并做到花期、花时相遇。一些杂交组合还应特别加强父本管理。

6. 花期的预测与调节

同不育系繁殖技术。

7. 提高杂交结实率措施

（1）父、母本适期割叶　选择适当的生育时期，把双亲的大部分剑叶长度割去，可以减少田间传粉障碍，改善田间光照和降低湿度等，有利于授粉，提高结实率，也可减轻田间病害。割叶的适期是母本始穗期。一般母本剑叶割后留 3.3 cm，父本留 6.6 cm 左右为宜。

（2）喷施赤霉酸

① 用量与兑水量：每亩总共用赤霉酸 8～12 g，每次每亩兑水 70 kg 左右。在兑水稀释前，应先加少量乙醇或白酒使赤霉酸溶解。

② 喷施期与时间：适宜的喷施时期为主穗即将破口，颖壳呈绿色。上午 9 时以前喷施为好。

③ 喷施次数：一般分 3 次喷施，连续 3 天的早晨喷完。各次赤霉酸用量分别占总量的 20%、50% 和 30%。

（3）人工辅助授粉　同前。

8. 提高种子纯度的一些措施

杂交种子的纯度，直接影响杂交水稻的增产效益，混杂严重的种子，不但不能增产，反而减产。杂交种子的纯度要求达到 98% 以上，因此在制种田必须进行严格隔离和去杂，确保种子质量。

(1) 安全隔离　根据各地的具体条件,可采用以下隔离方式。

①空间隔离:制种田周围的一定范围内不得种植其他水稻品种。一般在山区、丘陵区要求相隔 50 m 以上,风力较大的平原湖区要求 100 m。

②时间隔离:在规定空间隔离范围内,制种田的抽穗扬花期与其他品种花期要错开 20 天以上。这种隔离方式的效果最为理想。

③父本隔离:制种田有些父本是高产良种,可在其周围隔离范围内种植,既起隔离作用,又增加了父本花粉源,以提高制种产量和确保种子纯度。

④ 屏障隔离:可利用山坡、溪滩、河流、房屋、树林以及高秆农作物等作为隔离屏障物,但与其他水稻品种间需有一定的距离。用塑料薄膜隔离效果差,一般不宜采用。

(2) 严格去杂,防止错乱　田间去杂是确保种子纯度的关键环节,要在秧田和制种田各个生育时期,彻底清除变异株,尤其在抽穗阶段,每天早晨至父本开花前,对母本行进行逐株检查,凡发现抽穗早、透颈的,花药饱满或蓬松、金黄色、开裂散粉的均为可育株,都将其拔除。恢复系中的杂株、变异株,也要在其抽穗前彻底清除。收割前还要检查 1~2 次,彻底除净杂株和劣株。

(3) 严格操作,防止机械混杂　严格遵守操作规程,各技术操作要有专人负责,分系分期进行。特别是收割时最容易造成机械混杂,要特别用心。要先收母本,后收父本,单收、单打、单晒、单藏。母本种子一般在抽穗后 20 多天即可黄熟,且比较容易落粒,要及时收割。收割所用的所有工具,件件都要清理干净,严防夹带杂谷,晒场、仓库要指定专人管理。种子晒干装袋,袋内外都要有标签,写明组合、数量、生产者等,处处把好防杂保纯关。

五、要求

(1) 参观杂交水稻繁殖制种基地,分组完成杂交水稻制种实施方案。

(2) 分析杂交水稻繁殖制种中如何提高繁殖制种产量。

(3) 分析杂交水稻繁殖制种中如何提高繁殖制种的纯度。

(4) 怎么确定杂交水稻制种中父、母本的适宜播差期?

2-2-11　杂交玉米繁殖和制种技术

一、目的

学习和初步掌握杂交玉米亲本自交系繁殖的基本过程及杂交制种技术。

二、内容说明

玉米是利用杂种优势最早的作物之一,除用自交系配制杂交种外,还用雄性不育系配制杂交种。当前,玉米生产上以自交系间杂种优势利用较为普遍。玉米是异花授粉作物,容易发生生物学混杂。因此,生产纯度高的种子是杂交玉米繁殖制种的中心任务。

杂交玉米繁殖制种的要点:一要设置隔离区;二要父母本花期相遇良好;三要亲本自交系的纯度高,要严格去杂、去劣;四要对母本自交系进行人工去雄和辅助授粉。

三、材料及用具

1. 材料

玉米自交系繁殖区和杂交制种区不同的玉米品种或自交系。

2. 用具

皮尺、钢卷尺、大硫酸纸袋(35 cm×20 cm)、小硫酸纸袋(6 cm×12 cm)等。

四、方法步骤

(一) 亲本自交系的繁殖技术

为保证亲本自交系的纯度,必须分别将各亲本自交系在严格隔离条件下进行繁殖。

1. 选地隔离

选择好隔离区是保证种子纯度的关键。应选择地势平坦、土地肥沃、灌排方便的地块。

2. 隔离方法

常用的隔离方法有以下几种。

(1) 空间隔离　空间隔离法就是将要繁殖的玉米自交系(或父母本)种植在隔离区中,而在隔离区周围的一定范围内不种植其他玉米,以防外来玉米的花粉进入隔离区,造成生物学混杂,达到安全隔离的目的。如果繁殖的是自交系,则要求隔离的距离为 500 m 以上;如果种植的是父母本,要在隔离区内生产 F_1 杂交种,单交制种区不少于 400 m,双交制种区不少于 300 m。在多风地区,或隔离区设在其他玉米地的下风向时,隔离距离应适当加大。

(2) 时间隔离　时间隔离法是在繁殖地周围 300 m 以内还有其他玉米材料种植,或者在玉米繁殖地周围有养蜂场时采用。做法是根据不同玉米材料的抽穗期资料,将隔离区内玉米的播种期与区外邻近玉米的播种期错开,也能达到隔离的效果。一般情况下春播玉米错期为 45 天,夏播玉米错期要 30 天,才能保证安全。各地因自然条件不同,可灵活掌握。错开繁育制种田与大田玉米的播种期来避免串粉,从而达到隔离的目的。

(3) 自然屏障隔离　自然屏障隔离法是利用山岭、树木、村庄等自然屏障,将其他玉米与隔离区隔开,以免其他玉米花粉传入隔离区内。

(4) 高秆作物隔离法　高秆作物隔离法就是在隔离区周围种植高粱、麻类等高秆作物作为隔离屏障。高秆作物的行数不宜太少,自交系繁殖区需种植高秆作物宽度在 100 m 以上,制种区在 50 m 以上。高秆作物要适当早播,加强管理,使玉米抽穗时高秆作物的株高能超过隔离区内玉米的高度。

3. 隔离区各自交系繁殖比例

根据自交系产量高低而定。一般情况下,单交种父、母本自交系的繁殖比例大致为 1∶4,双交种(甲×乙)×(丙×丁)四个自交的繁殖比例大致为甲∶乙∶丙∶丁=4∶2∶2∶1。

4. 加强田间管理

自交系生长势较弱,易受外界不良条件的影响。因此,对繁殖隔离区必须注意精种细管,以提高自交系的产量。

5. 严格去杂、去劣

在苗期、抽雄前及收获后,要严格进行去杂、去劣处理。

（二）杂交制种技术

为了保证杂交玉米的制种质量，必须严格做好以下几项主要技术工作。

1. 选地隔离和隔离方法

同亲本自交系繁殖技术。

2. 规格播种

确定父、母本的播种期：如果亲本自交系间的生育期不同，为保证花期相遇，可根据"宁可母等父，不可父等母"的原则确定播种期。一般应使母本的抽丝期比父本早2～3天。若两亲本自交系花期相同或母本抽丝期比父本早2～3天，可以同期播种。若两亲本抽丝期相差5天以上，春播晚熟亲本提早播的天数是父、母本花期相差天数的1.5倍；夏播玉米是1倍。为防花期不遇，还可分期播种采粉区。

父、母本行比：一般情况下是单交种制种区为1：3或1：4；双交种制种区为合理密植，保证播种质量，做到一次全苗。种植密度按自交系特征而定，单交种制种区4000～4500株，双交种制种区3000～3500株。

3. 严格去杂

去杂、去劣工作具体可分为田间去杂和室内精选两部分。田间去杂可在三叶期、五叶期、拔节期、孕穗期及抽穗期进行。根据叶色、叶鞘色、叶形、茎叶所构成的角度、植株高度、雄穗性状、果穗着生部位等特征，把不符合要求的植株统统拔掉。室内精选可根据穗型、粒色、穗轴色，把不同于典型性状的杂异穗去掉。在播种前还要精细粒选，根据自交系性状的特点，严格去杂、去劣。

4. 母本彻底去雄

配制杂交种时，母本去雄的好坏是关系制种成败的关键。去雄应做到及时、干净、彻底。所谓及时，就是在母本雄花刚抽出尚未散粉之前就拔除。干净，就是1个小分枝都不残留地把整个雄穗拔除。彻底，就是整个制种区应一株不留地拔除雄花。

5. 加强人工辅助授粉

由于玉米自交系生长势弱，花粉量少，为提高繁殖制种产量，必须进行人工辅助授粉2～3次。特别是在父、母本花期相遇不良的情况下，这项工作更应加强。

6. 分收分藏

繁殖制种的玉米成熟后，各隔离区不同亲本的果穗应分别及时收获。一般先收父本，以保证母本上所收杂种种子的纯度。做到分收、分脱、分藏，严防机械混杂，并及时在袋内外放置和挂好标签。在标签上注明名称、生产种子的时间单位和种子数量。

（三）繁殖制种计划

配制杂交种的面积，要根据杂交种的类型、推广面积、播种量、种子产量、父母本行数比例等条件决定。避免发生种子量不足而影响配套，或种子过剩造成积压浪费的问题，应在计划面积时仔细地计算。具体的计算方法如下：

制种田面积（hm²）＝根据生产田每公顷需要播种量（kg）×计划种植面积（hm²）/每公顷亲本（不包括父本）的计划产量（kg）

1. 杂交玉米的繁殖计划

（1）隔离区的数量

单交种需要3个隔离区：母本自交系1个，父本自交系1个，单交种制种区1个。

三交种需要 5 个隔离区:3 个自交系繁殖区,1 个单交种繁殖区,1 个三交种制种区。

双交种需要 7 个隔离区:4 个亲本自交系繁殖区,2 个单交种制种区,1 个双交种制种区。

(2)隔离区面积计算　根据需要杂交种的大田面积及种子数量,当年亲本自交系(或亲本单交种)的每公顷播种量、平均产量、隔离区内父母本行数比例、种子合格率进行计算,公式为

$$下年需要种子量(kg) = 下年播种面积(hm^2) \times 每公顷播种量(kg/hm^2)$$

$$杂交种制种区面积(hm^2) = 下年需要种子量(kg)/当年亲本平均产量(kg/hm^2)$$
$$\times 父母本行数比例 \times 种子合格率(\%)$$

$$亲本繁殖区面积(hm^2) = 下年需要种子量(kg)/当年亲本平均产量(kg/hm^2) \times 种子合格率(\%)$$

五、要求

(1)玉米杂交种是如何生产的? 如何制订玉米杂交种繁殖计划?

(2)如何才能提高制取玉米杂交种的产量?

2-2-12　杂交高粱制种和不育系繁殖技术

一、目的

使学生掌握杂交高粱制种和不育系繁殖的技术。

二、内容说明

杂交高粱具有杂种优势,但杂种优势只能利用一代,需要年年繁殖不育系,配制杂交种。配制杂交高粱比配制玉米杂交种简单,一般只需要两个隔离区、一个繁殖不育系、一个配制杂交高粱。

三、材料及用具

1. 材料
杂交高粱制种田和不育系繁殖田。

2. 用具
皮尺、钢卷尺等。

四、方法步骤

1. 选地与隔离
制种地的选择是制种成败的关键。应选择地势平坦、地力均匀、排灌方便、土壤肥力较高的壤土或沙壤土地。低洼冷浆、黏性较强、干旱瘠薄的地块不宜选为制种田。空间隔离繁殖田大于 500 m,制种田不少于 300 m。也可利用村庄、山头、树林等自然屏障进行隔离。利用向日葵、大麻等高秆作物隔离必须早播,一般要求繁殖田在 300 行以上,制种田在 200 行以上。

用父本高粱隔离,行数同高秆作物隔离行数。

2. 花期预测和调节

(1)花期预测方法

①叶片计算法:苗期、拔节期、挑旗期前母本比父本多 1.5～2 片叶。挑旗以后,应达到母本挑旗、父本出齐叶,母本抽穗、父本挑旗,母本初花期、父本抽穗,母本盛花期、父本初花期。

②解剖比较法:通过解剖掌握幼穗的分化进度,根据父母本生长锥的发育情况判断父母本花期是否相遇。一般情况下,母本生长锥略大于父本生长锥时,花期相遇良好。

(2)花期调整方法

①苗期:对生长慢的亲本采取早间苗、早定苗、去分蘖、留大苗等办法加速其生长,对生长快的亲本采取晚间苗、晚定苗、留分蘖、留小苗等办法控制其生长。

②拔节后调节:对生育较晚的亲本采用偏水偏肥、浅中耕、提高地温等办法促进其生长发育,对生育过早的亲本则采用不施肥、不灌水、深中耕、断根等办法抑制其生长发育。

③孕穗期:可对生育慢的采用根外喷洒 30～60 mg/kg 的赤霉酸,促其抽穗开花,提前 5～7 天。而对发育快的亲本,可用铁钳在旗叶下第 3～4 片叶的茎上夹一下,或用剪刀在主茎地上第三节剪断 1/3,以抑制其生长。如花期预测相差 5 片叶及以上时(15～20 天)可拔除生育快的植株的主穗,利用侧枝分蘖穗授粉结实。

④盛花期:如花期不遇,可在母本盛花期的上午另外采集花粉,随采随授,进行人工授粉结实。

3. 播种

(1)行比 繁殖田行比为(4∶1)～(6∶1);制种田行比为 8∶1。

(2)调节播期 应掌握父本开花期"宁迟勿早"的原则,使父本开花期比母本迟 2～3 天。

(3)播深 播深 3.3 cm 左右,不育系和保持系根茎短,不宜深播。

(4)播期 地温稳定在 12 ℃以上。

(5)留苗密度 亩留苗 8000 株左右为宜。

4. 加强田间管理,严格去杂去劣

制种田加强田间管理是促进早熟,增加产量的重要一环。不育系幼苗弱,生长缓慢,前期易被杂草遮盖,所以要早中耕、浅中耕、早间苗、早锄草,中期及时追肥浇水,深中耕,综合防治病虫害。

苗期结合定苗,根据其特征特性严格去杂,拔除杂苗、弱小苗和畸形苗。拔节后将生长高大茂盛,株型、叶型不同的植株拔掉。抽穗开花期去杂是关键,根据不育系和保持系的特征反复检查(每天一次),及时拔除。

5. 人工辅助授粉

人工辅助授粉是弥补花期相遇不良,提高结实率的有效措施。

(1)授粉次数 花期相遇好时不少于 7 次(天),基本相遇时不少于 10 次(天),相遇不好时应在 15 次(天)以上

(2)授粉时间 授粉一般在晴天上午 7 时—10 时 30 分露水干后进行,在父本盛花期的每天上午 10—12 时为宜。

(3)授粉方法 ①用手轻敲父本茎秆,震落花粉;②低秆父本用喷粉器手摇吹风;③人工

采粉授粉。

6.收获保纯

（1）繁殖制种田:授粉后割除保持系或先收保持系,避免把保持系混到不育系里。

（2）杂交制种田,应先收母本,后收父本。

（3）收获后,不育系、保持系、恢复系、杂交种要分车拉运、分场晾晒、分机脱粒。从收获到入库,各工序都要有专人负责,防止人为机械混杂。

（4）脱粒方法可采用人工摔打或机械碾压等,以不产生破损粒为准。

（5）入库后经常检查,及时晾晒,防止霉烂、冻害、虫蛀和鼠害。

（6）袋内外都要有种子标签,注明质量等级、生产年份、数量及制种单位,并附品种说明书。

五、要求

（1）如何制订高粱杂交种繁殖计划?

（2）杂交高粱制种与不育系繁殖的技术要点是什么?

训练3　花粉生活力测定

一、目的

学习和初步掌握主要作物的花粉生活力测定方法。

二、内容说明

作物杂交育种工作中,往往会遇到父母本花期不遇,必须采集父本的花粉短暂储藏;或因需要在异地采集花粉,也需经运输和保存一段时间后方能使用。经储藏的花粉生活力如何,在使用前必须进行测定,以保证杂交效果。此外,在许多特殊条件下,花粉生活力的差异对于研究花粉柱头的相互作用、作物改良与育种操作、基因库的保持、不亲和性与受精关系、生理调节对花粉萌发的影响和基因流等,均有非常重要的实践意义。因此,对于外地采集来的花粉的短暂储藏、花粉的生物学研究、自交或远缘杂交分析结实率或不结实原因、鉴定雄性不育系时,花粉生活力的测定显得很重要。花粉生活力测定的方法较多,常用的有以下几种。

（1）花粉形态鉴定　花粉有无生活力（可育性）在形态上有明显差异。正常花粉内含物充实饱满形状规则,大小整齐,因内部含较多淀粉粒而遇 1% I_2-KI 溶液呈深紫色反应,遇水易涨而破裂。发育不正常的花粉,内含物不充实而空秕,形状也不规则,大小参差不齐。形态鉴定一般适用于不育系及远缘杂交后代花粉育性的鉴定。

（2）花粉生活力鉴定　用不同的化学试剂,如氯化三苯基四氮唑（2,3,5-triphenyl tetrazolium chloride、$C_{19}H_{15}ClN_4$,简称 TTC）、联苯胺萘酚等快速鉴定花粉生活力。具有生活力的花粉经 TTC 或联苯胺萘酚染色后呈红色,而不具生活力的花粉则不被染色,仍为黄色。

(3)花粉发芽鉴定 配制一定浓度的蔗糖溶液作培养基,在人工控制条件下进行花粉发芽试验,根据花粉发芽率的高低衡量花粉生活力。也可以在授粉数小时后直接观察柱头花粉萌发伸长情况。

三、材料及用具

1. 材料

当天采集的水稻、小麦、棉花、玉米等主要作物的新鲜花粉及冰箱中冷藏 1～7 天的花粉,授粉后的雌蕊。

2. 仪器与用具

冰箱、恒湿箱、普通显微镜、荧光显微镜、载玻片、盖玻片、镊子、解剖针、滴管、吸水纸、滤纸、培养皿、剪刀、刀片、标签、毛笔等。

3. 试剂及配制

(1)碘染色溶液(1% I_2-KI 溶液) 称取 KI 2 g,溶于 100 mL 蒸馏水中,再加 I_2 1 g,加热充分溶解(注意控制碘挥发),定容至 300 mL;也可先将称好的 I_2 压碎成粉末状与 KI 充分搅拌均匀,再加入少量蒸馏水使之湿润并继续搅拌,以后分次逐步加水直至充分溶解,最后定容至300 mL。配好的碘溶液必须装入棕色瓶并放置在遮光处储存备用。

(2)氯化三苯基四氮唑(TTC)染色溶液 先称取 Na_2HPO_4 0.832 g、KH_2PO_4 0.273 g 溶于 100 mL 的蒸馏水中,配制 Sorensen 磷酸缓冲液(pH 7.2)。再称取 TTC 0.2 g,加上述磷酸缓冲液 100 mL,配制成 0.2% TTC 溶液,溶解后置黑暗处保存。

(3)联苯胺萘酚染色溶液 ①称取联苯胺 0.5 g,溶于 100 mL 50% 的乙醇;②称取 0.5 g α-萘酚溶于 100 mL 50% 的乙醇;③称取 0.25 g Na_2CO_3 溶于 100 mL 蒸馏水;④0.3% 的 H_2O_2。前 3 种溶液不稳定,应分别置于棕色瓶中储藏,在使用时将其等量混合,装于棕色瓶中备用。第 4 种溶液也不稳定,使用前进行稀释。

(4)棉蓝溶液 按乳酸:苯酚:甘油:蒸馏水:棉蓝为 25:25:25:25:0.8 的比例配制。苯胺蓝溶液:苯胺蓝 0.5 g 加 85% 或 95% 乙醇 100 mL。

(5)其他溶液 乳酚,卡诺固定液,8 mol/L 或 10 mol/L NaOH 溶液。

(6)培养基及配制

水稻花粉发芽培养基:称取马铃薯淀粉 6 g,蔗糖 20 g、H_3BO_3 0.01 g,加 100 mL 蒸馏水,煮沸呈糊状,然后置温箱内保温保湿,备用。

小麦花粉发芽培养基:称取蔗糖 20 g,琼脂 3.5 g、H_3BO_3 0.02 g,加 100 mL 蒸馏水,加热后置温箱内保温保湿,备用。

以上培养基 pH 值为 5.2～6.0。培养基最好当日使用当日配制,不宜存放过长时间。

四、方法步骤

花粉的育性和生活力可由浅入深按以下顺序观察鉴定:外形观察→I_2-KI 测定内含物的充实度→染色法鉴定花粉酶学性质→花粉发芽试验→观察花粉在柱头上萌发和伸长情况。

（一）形态鉴定

（1）将少量正常的新鲜花粉用解剖针拨于载玻片上,于低倍显微镜下观察花粉形态,根据形态特征,判断花粉的生活力状况。一般来说,畸形皱缩、小型化等均为无生活力花粉,而有光泽、饱满、具有本品种花粉典型特征等性状的均为有生活力花粉。具体方法:将花粉置于载玻片上,滴 1 滴清水,用镊子夹破花药,压出花粉,去除花药药壁组织,盖上盖玻片,在显微镜下观察 3 个不同视野,要求被检查的花粉粒总数达到 100 粒以上,计算正常花粉粒占总数的百分率。此法简便易行但准确性差,一般只用于测定新鲜花粉的生活力。

（2）处理方法与形态观察法相同,但在有花粉的玻片上滴 1 滴 1‰ I_2-KI 溶液,再观察花粉是否染色和染色深浅情况,以判断花粉内含物的充实度,正常花粉应有较多的淀粉粒,遇 I_2-KI 溶液呈紫黑色,不正常的染色浅或不染色。

（二）花粉生活力鉴定

1. 氯化三苯基四氮唑（TTC）染色鉴定

（1）TTC 染色　取已成熟尚未开花的花药 5～10 个,切断花药两端,放入小烧杯中,加 0.2％TTC 溶液,使花药完全浸入反应液中,在 30 ℃左右温度下染色 30～60 min。

（2）压片镜检　取出花药,置于载玻片上,用解剖针压出花粉,去掉花药药壁组织,盖上盖玻片镜检观察,取 3～5 个视野,统计着色花粉百分率。花粉粒变红说明有生活力,染色越深生活力越强。

2. 联苯胺萘酚染色鉴定

取已成熟尚未开花的花药 3～5 个,置于载玻片上,先加已配制的联苯胺、α-萘酚、Na_2CO_3 混合液各 1 滴,再加 0.3％的 H_2O_2 1 滴,用镊子夹破花药,压出花粉,去除花药药壁组织,盖上盖玻片,经 3～4 min,在显微镜下检视。凡具有生活力的花粉粒均被染成红色或浅红色,不具有生活力的花粉仍呈黄色或无色。

注意事项:加盖玻片时,可用解剖针托住盖玻片一端,轻轻放下,以防产生气泡;滴溶液时悬滴尽量减少,以免流出盖玻片以外,流出的溶液应用吸水纸吸尽,方可在显微镜下检查。

（三）花粉发芽鉴定

1. 置床发芽

将配好的培养基均匀地在载玻片上涂一薄层,制成发芽床,置室温（27～29 ℃）下 5 min 后,将刚开花裂药的花粉抖落于其上（或用毛笔蘸取刚开花的花粉,轻轻地将花粉弹落在床上）,密度要稀而均匀,使花粉发芽力保持正常均一,也便于观察统计。

2. 镜检观察

花粉置发芽床后,把载玻片放入铺有湿润滤纸的培养皿中,加盖。水稻在 27～29 ℃下保温保湿 5 min,小麦于 22～26 ℃下培养 1～2 h,然后镜检观察。凡花粉管伸长超过花粉粒直径的即为发芽的花粉,统计花粉发芽率。

（四）观察花粉在柱头上的萌发

1. 棉蓝染色法

取水稻授粉后 10～30 min 或小麦授粉后 2～4 h 的整个雌蕊,放在载玻片上,滴几滴棉蓝溶液,盖上盖玻片,在盖玻片一侧滴入 40％甘油,在盖玻片另一侧用滤纸将染料吸去。如此重复进行,直至盖玻片下部为甘油所浸透,然后置显微镜(100~200 倍)下观察,花粉管为蓝色,而柱头组织无色或淡蓝色。注意染色时间不宜过长。

2. 荧光显微镜观察

(1)固定 取水稻授粉后 10~40 min 或小麦授粉后 2~4 h 的整个雌蕊,用卡诺固定液固定,2 h 后移入 70%乙醇中保存,备用。

(2)软化 制片前,水稻、小麦材料用 8 mol/L NaOH 溶液软化 10 min(煮沸)或用 2 mol/L NaOH 溶液软化 12 h。

(3)染色 将软化的子房用蒸馏水清洗去碱,再用 0.05%苯胺蓝溶液染色 12 h。

(4)镜检 将染色的材料置于干洁的载玻片上,滴 1 滴甘油,盖上盖玻片,轻轻压片后置荧光显微镜下观察。以 BG12 为激发光源(蓝紫光)和 0515 为激光滤片。在此光源下,花粉粒呈暗红色,花粉管呈淡黄色荧光,组织背景为黑色。

五、要求

(1)每人以新鲜花粉和储藏不同时间的花粉,用不同的方法鉴定花粉生活力,统计具有生活力花粉的百分率(结果填入表 2-3-1 和表 2-3-2),并对测定结构分析比较。

表 2-3-1　染色法测定花粉生活力结果统计表

染色法	各视野中有生活力和无生活力花粉粒的数量								花粉生活力/(%)
	供试品种	收集日期	测定日期	视野	花粉粒总数/个	有生活力花粉粒数量/个	无生活力花粉粒数量/个	各个视野花粉生活力/(%)	
				1					
				2					
				3					
				1					
				2					
				3					

表 2-3-2　培养基发芽法测定花粉生活力结果统计表

视野	供试品种	收集日期	测定日期	花粉粒总数/个	发芽的花粉粒数量/个	花粉发芽率/(%)	花粉生活力/(%)
1							
2							
3							

(2)试述花粉生活力测定的操作过程及注意事项。

训练 4　主要农作物雄性不育性的鉴定

一、目的

学习和初步掌握雄性不育系的植物学形态特征和花粉育性鉴定技术。

二、内容说明

雄性不育是指雌雄同株作物中,雄性器官发育不正常,不能产生有功能的花粉,但它的雌性器官发育正常,能接受外来正常花粉而受精结实的现象。作物杂种优势利用方法主要有核质互作雄性不育系、雄性不育保持系和雄性不育恢复系三系配套,以及细胞核雄性不育系和雄性不育恢复系两系配套。一个优良的雄性不育系必须具备不育性稳定,且不育株率和不育度都达到 100%,农艺性状整齐一致,柱头外露率高,开花习性良好等条件,以利于提高制种产量。

雄性不育一般可分为 3 种类型:①细胞质雄性不育型,简称质不育型,表现为细胞质遗传。②细胞核雄性不育型,称核不育型,表现为细胞核遗传。③核质互作不育型,表现为核质互作遗传。无论植物的不育性是哪种类型,它们都会在一定的组织中表现出来。雄性不育系花粉的败育,一般出现在造孢细胞至花粉母细胞增殖期、减数分裂期、单孢花粉期(或单孢晚期)、双核和三核花粉期。其中出现在单孢花粉期较为普遍,雄蕊败育大概可分成以下几种类型。

(1) 花药退化型　一般表现为花冠较小,雄蕊的花药退化成线状或花瓣状,颜色浅而无花粉。

(2) 花粉不育型　这类花冠花药接近正常,往往呈现亮药或褐药现象,药中无花粉或有少量无效花粉。镜检时,有时会发现少量干瘪、畸形以及特大花粉粒等,大多数是无生活力的花药。

(3) 花药不开裂型　这类不育型虽然能形成正常花粉,但由于花药不开裂,不能正常散粉,花粉往往由于过熟而死亡。

(4) 长柱型功能不育　这一类型花柱特长,往往花蕾期柱头外露,虽然能够形成正常花粉但散落不到柱头上去。

(5) 嵌合型不育　在同一植株上有的花序或花是可育的,而有的花序或花则是不育的,在一朵花中有可育花药,也有不育花药。

作物雄性不育系的鉴定,一般采用植株形态、花粉育性镜检、套袋自交结实性鉴定等方法。

三、材料及用具

1. 材料

水稻或玉米、油菜等作物雄性不育系及其保持系或恢复系的植株。

2. 试剂与用具

1% I_2-KI 溶液、放大镜、显微镜、镊子、载玻片、盖玻片、回形针、透明纸袋、标签、吸水纸等。

四、方法步骤

(一)雄性不育系和保持系植株形态特征的观察和识别

在不育系繁殖田或杂交制种田对不育系及其保持系(或恢复系)进行逐行逐株的观察,比较株型,株高,分蘖,叶色,抽穗,开花时间,花药形态、色泽、开裂等情况和开颖角度等形态区别。几个主要作物雄性不育系和保持系植株形态差异见表2-4-1。断定其是否是不育系,并选择你认为区分最明显的3~4个性状填入表2-4-2中,以此证实观察结果。

表 2-4-1　几个主要作物雄性不育系及保持系植株形态比较

作物	性状	不育系	保持系
水稻	株型	较紧凑,植株较矮	较松散,植株较高
	分蘖	分蘖力相对较强	分蘖力相对较弱
	抽穗开花时间	较长,较分散	有明显高峰期
	穗颈抽出程度	有包颈现象	正常
	花药形态、色泽和开裂情况	瘦小、干瘪、白色或淡黄色水渍状、不开裂、不散粉	肥大、饱满、鲜黄色、开裂、散粉
玉米	雄穗	不发达	发达,松散
	小穗着生	在主轴上着生稀而扁平	饱满而个体大
	颖花开放	关闭,不开放	开放,花丝伸长
	花药形态	短小,干瘪,浅褐色,不伸出颖片外,不开裂	大而饱满,黄绿色,开花时伸出颖片,开裂散粉
	花粉	无花粉或花粉败育,不散粉	花粉量很多,散粉
油菜	花蕾	瘦小,色浅	肥大饱满,色深
	花瓣	较小,基部较细,色浅	大,色深
	花药	短小,约为正常的二分之一,顶端无钩,白色	长而肥大,鲜黄色
	雌蕊	短,呈短颈瓶状,色浅,有的略弯	长,呈长颈瓶状

表 2-4-2　根据观察结果鉴定作物的雄性不育性

作物	行号	是否雄性不育	判断依据			
			性状1	性状2	性状3	性状4

（二）雄性不育系花粉育性镜检鉴定

当前生产上利用的雄性不育系多属于核质互作的花粉败育类型，败育花粉经 1% I_2-KI 溶液染色处理，在显微镜下观察，按花粉粒的形状和染色反应可分为典型败育型、圆形败育型和染色败育型。在镜检过程中，为更准确地鉴定各种类型的花粉，将不育系败育花粉的三种类型和正常可育花粉的特点列入表 2-4-3。

表 2-4-3　雄性不育系败育花粉与正常可育花粉的比较

项目	典型败育型	圆形败育型	染色败育型	正常可育
花粉形状	不规则形	圆形	圆形	圆形
碘反应	不染色	不染色或少量浅蓝色	蓝色	蓝色
套袋自交结实情况	不结实	不结实	不结实	结实

1. 形态鉴定

（1）取样　分别从不育系、保持系或恢复系中随机选取即将开花的穗或花序 2～4 个，挂上标签，带回室内，从中选择花药已伸长达颖壳或花蕾 2/3 的花朵 3～4 个，剥开内外颖或花瓣，从每朵花中取花药 3 个左右，做镜检制片。

（2）制片　将花药分别置于载玻片上，用镊子轻轻捣碎，滴上 1 小滴 I_2-KI 溶液染色，去掉药壁后，盖好玻片，用吸水纸吸去多余的 I_2-KI 溶液，待镜检观察。

（3）镜检　将制好的玻片置于 100 倍显微镜下仔细观察。每片各选择有代表性的 2～3 个视野观察花粉粒的形状和染色反应，正常花粉因有较多淀粉粒，遇 I_2-KI 溶液呈蓝紫色，不正常花粉则染色浅或不染色。计数每个视野内不育花粉粒的数目，并按下式计算不育花粉率：

$$不育花粉率＝不育花粉粒数/总花粉粒数×100\%$$

2. TTC 染色鉴定

TTC 可用于检验花粉呼吸过程中脱氢酶的活性。具有生活力的花粉中含有脱氢酶，它催化底物使脱下的氢与 TTC 结合，生成红色化合物甲䐶。因此，凡有生活力的花粉呈红色，生活力弱的呈浅红色，无生活力的不显色或呈黄色。

（1）取样　同形态鉴定。

（2）染色　取已成熟尚未开花的花粉 5～10 个，切断花药两端，放入小烧杯中，加 0.2% TTC 溶液，使花药完全浸入反应液中，在 30 ℃左右温度下染色 30～60 min。

（3）压片镜检　取出花药，置于载玻片上，用解剖针压出花粉，去掉花药药壁组织，盖上盖玻片，镜检观察。取 3～5 个视野，统计着色花粉粒数并计算不育花粉率。凡花粉粒变红者有生活力，染色越深生活力越强。

$$不育花粉率＝不育花粉粒数/总花粉粒数×100\%$$

最后根据不育花粉率（表 2-4-4 和表 2-4-5），判定花粉不育等级，填入表 2-4-6。

表 2-4-4　水稻、油菜不育系不育度分级标准

不育等级	正常育	低不育	半不育	高不育	全不育
水稻不育花粉率/（%）	<20	20～49	50～89	90～99	100
油菜不育花粉率/（%）	<10	10～49	50～80	81～99	100

表 2-4-5 玉米雄花育性分级标准

级别	雄花育性	育性分类
0	花药不外露,无花粉或花粉败育	全不育
1	花药外露5%左右,花药干瘪,花粉败育	高不育
2	花药外露25%以下,花药小,半开裂,有少量可育花粉	半不育
3	花药外露50%以下,花药稍小,半开裂,有较多可育花粉	半可育
4	花药外露75%左右,花药饱满,正常散粉,有少量败育花粉	高可育
5	花药全部外露,花药饱满,正常散粉	全可育

表 2-4-6 花粉育性镜检鉴定结果

作物	样品号	每视野花粉粒数				每视野不育花粉粒数				不育花粉率/(%)	是否雄性不育
		1	2	3	平均	1	2	3	平均		

(三)雄性不育系套袋自交结实性鉴定

套袋自交是鉴定育性最准确、最可靠的方法,即在不育系中,选择刚抽穗或现花蕾而尚未开花的花序3个,套上牛皮纸袋,用回形针固定,让其自交结实,15天后取掉纸袋,分别统计其自交结实情况。凡套袋的株(穗)只要有一粒结实就算为结实株(穗)。再按公式计算不育株(穗)率和不育度:

$$不育株(穗)率 = 不育株(穗)数/套袋总株(穗)数 \times 100\%$$
$$不育度 = 不育花(朵)数/总花(朵)数 \times 100\%$$

最后根据不育度,确定不育度等级。将鉴定结果填入表2-4-7,并指出其不育株(穗)率和不育度等级。

表 2-4-7 不育系育性鉴定结果

不育系名称	不育株(穗)率/(%)	不育度等级

五、要求

(1)在不育系繁殖田或杂交制种田中逐行逐株地观察比较不育系与其保持系植株的形态区别,具体找出4个以上性状的差异。

(2)将不育系、保持系花粉进行育性镜检鉴定,套袋自交结实性鉴定,完成表2-4-2、表2-4-6、表2-4-7,并对结果进行分析讨论。

训练 5　作物配合力测定

一、目的

了解作物配合力的概念以及在作物杂交育种工作中的重要作用,掌握作物配合力测定的方法和技术。

二、内容说明

配合力是指一个亲本(自交系或品种)材料在由它所产生的杂种一代或后代的产量或其他性状表现中所起作用相对大小的度量。亲本的配合力并不是指其本身的表现,而是指与其他亲本结合后它在杂种世代中体现的相对作用。在杂种优势利用中,配合力常以杂种一代的产量表现作为度量的依据;在杂交育种中,则体现在杂种的各个世代,尤其是后期世代。一般只有配合力高的亲本材料杂交才能获得较好的效果,容易得到有优良性状结合较好的后代,进而选育出好的品种。所以,配合力测定是实际育种工作中不可缺少的重要程序,应该优先考虑。根据亲本评价的需要,可将配合力分为一般配合力(GCA)和特殊配合力(SCA)。

一般配合力(GCA)是指一个被测系(自交系、不育系、恢复系等)与一个遗传基础复杂的群体品种或与许多其他自交系杂交后,F_1 的产量和其他数量性状的平均表现能力,即某一亲本系与其他亲本系所配的几个 F_1 的某种性状平均值与该试验全部 F_1 的总平均值相比的差值。一般配合力是由基因的加性效应决定的,因此,一般配合力的高低是由自交系所含的有利基因位点的多少决定的。一个自交系所含的有利基因位点越多,其一般配合力越高,否则一般配合力越低。一般配合力的度量方法,通常在一组专门设计的试验中,用某一个自交系组配的一系列杂交组合的平均产量与试验中全部杂交组合的平均产量的差值来表示。

特殊配合力(SCA)是指一个被测系与另一个特定的系杂交后,F_1 的产量和其他数量性状的表现能力,即某特定杂交组合的某性状实测值与根据双亲一般配合力算得理论值的离差。它的度量方法是特定组合的实际产量与按双亲的一般配合力换算的理论产量的差值。因而在杂种优势利用中,大多数高产的杂交组合的两个亲本都具有较高的一般配合力,双亲间又具有较高的特殊配合力;而大多数低产的杂交组合中,即使双亲具有较高的特殊配合力,但若双亲或双亲之一的一般配合力较低,也很少出现高产的杂交组合。所以,选育一般配合力高的亲本是选育高产杂交种的基础。必须在一般配合力高的基础上再筛选高特殊配合力,才可能获得最优良的杂交组合。

三、材料及用具

1. 材料

若干玉米自交系,相应测验种。

2. 用具

钢卷尺、小型脱粒机、天平、计算器、铅笔及记录本等。

四、方法步骤

(一) 测验种的选用

在测定配合力的工作中，常用来与被测系杂交的品种、杂交种、自交系、不育系、恢复系等，统称为测验种，这种杂交称为测交，所产生的杂种统称为测交种。测交种在产量和其他数量性状上表现的差异，即为与不同被测系间的配合力差异，因而测验种在测交试验中选择的是否得当，直接关系到配合力测定的准确性，故为了准确地测定配合力，需正确选择测验种。

测定一般配合力时用遗传组成复杂的品种作测验种，其作用相当于以许多纯合自交系同一个被测系杂交，可以减少工作量。作为测验种的品种或综合品种最好选产量水平中等、抗病和抗逆性一般的，因为这样的测验种能够比较真实地反映出被测的各自交系之间的配合力、抗病性和抗逆性等性状的差别。有时也用各种形式的杂种作测验种测定一般配合力。

测定特殊配合力时，用基因型单一或纯合的系作测验种。比如单交种和自交系，因遗传基础简单，能较好地反映出被测系的特殊配合力。

另外，测验种本身的配合力最好是中等的，与被测系应是不同来源的。若测验种配合力低或与被测系的血缘相近，测出的配合力往往偏低，反之，则测交种的产量往往偏高。因此，在测定具有两种类型的被测系时，往往采用中间型的测验种为好。

目前各作物利用杂种优势以推广单交种为主，常用几个骨干自交系作测验种，既可以测定自交系的一般配合力和特殊配合力，还可以同配制杂交组合工作结合起来，有利于缩短育种年限。

(二) 配合力测定的时期

自交系配合力的高低，是可以遗传的，具有高配合力的自交系，在不同自交世代中和同一测验种测交，一般都能表现出较高的产量，反之，测交种的产量则较低。

配合力测定的时期一般分为早代测定、中代测定和晚代测定。

1. 早代测定

在自交当代(S_0)或自交一代(S_1)进行。在选株自交的同时，用部分花粉进行测交早代测定的好处：可以在分离自交系过程中，较早地把配合力较低的自交材料淘汰掉，以便集中人力、物力对配合力较高的自交材料继续选育，既可减轻工作量，又可提早利用配合力高的系。

2. 中代测定

在自交系选育的 $2\sim3$ 代($S_2\sim S_3$)时测定自交系的配合力。此时，自交系的特性已基本形成，测出的配合力比早代测定更为可靠，并且配合力的测定过程与自交系的稳定过程同步进行，当完成测定时，自交系也已稳定，即可用于繁殖、制种，缩短了育种年限。

3. 晚代测定

在各自交系基本稳定后，到 $4\sim5$ 代($S_4\sim S_5$)时测定配合力。晚代进行测定由于遗传性状已较稳定，容易取舍，但确定优良自交系较晚，影响自交系的利用时间。

一般是在早代测交时为了减少测交工作量，常采用品种或杂交种作测验种以测定一般配合力，晚代测交采用几个骨干自交系测定其特殊配合力。目前，国内外多数育种单位都在中代测定自交系的配合力。

（三）配合力测定的方法

1. 顶交法

顶交法是选育一个遗传基础广泛的品种群体作为测验种,用来测定自交系的配合力的杂交方法。由于选用了遗传基础广泛的测验种,可以把它看成包含着多个纯系的基因成分,因而测出的配合力相似于该系和多个自交系的平均值,即一般配合力。

具体的测交方法是以 A 群体为共同测验种,1、2、3、4、5……n 个自交系为被测系。用套袋杂交方法或在隔离区中以 A 作父本授粉,被测系作母本去雄获得测交组合:$1 \times A$、$2 \times A$、$3 \times A$、$4 \times A$、$5 \times A$……$n \times A$,下一代做测交组合的产量比较试验,观察测交组合的表现,即比较下一代各个测交种产量(或某种性状值)的高低,可以看出被测系的配合力的高低。如一个测交组合的产量高,则表明该组合中相应的自交系的配合力高。

此法优点:配制和比较的组合少,便于被测系间比较。

此法缺点:①不能分别测算一般配合力、特殊配合力,所得结果是两种配合力混在一起的配合力;②是各被测系与特定测验者的配合力,所得结果代表性较差。

2. 双列杂交法

双列杂交法又称轮交法,是指各被测系互为测验种,两两互相轮流杂交(只配正交组合)。第二年比较产量,确定各被测系的配合力。这种方法可同时测定特殊配合力和一般配合力,但被测系多时此法工作量太大,试验结果不够准确,所以该方法最好在选少数优良亲本系或骨干自交系时使用。

3. 骨干系法

利用几个优良的自交系或骨干系作测验种与一系列被测系测交,以便同时测定被测系的一般配合力和特殊配合力。该法的主要优点是可以在测定配合力的同时,选择强优势组合直接用于生产,简化育种程序,促进新杂交组合的选育和利用。当前,国内外多数育种者经常采用该法。

具体做法:选用生产上常用的 4～6 个优良自交系作测验种。在若干个隔离区内配制测交种。根据测交种产量比较结果,可计算出每个被测系的一般配合力和各组合的特殊配合力。

（四）配合力测定

本试验以玉米自交系为材料,采用骨干系法,在中代进行玉米自交系配合力的测定。具体步骤如下。

1. 测验种的选择

选用生产上常用的 4～6 个优良自交系作测验种。

2. 待测系的确定

根据育种目的,确定所要测定配合力的自交系。

3. 测交种的获得

在隔离区间,进行测验种和待测系的测交,获得相应测交种。

4. 测交种的产量测定

田间种植各测交种,测定其产量。

5. 配合力的测定

根据测交种产量比较结果,计算出每个被测系的一般配合力和各组合的特殊配合力。

五、要求

（1）根据测交种的产量结果，计算被测系的一般配合力和各组合的特殊配合力，并进行总结分析。

（2）在作物育种工作中，你认为配合力测定有什么价值？其与作物杂种优势利用有什么关系？

训练 6　农作物田间估产测产

一、目的

本训练主要是以玉米为例，使学生掌握玉米成熟期进行田间调查、估产测产和室内考种的方法，了解禾谷类作物的估产测产原理。

二、内容说明

禾谷类作物单位面积产量取决于单位面积的株数、每株穗数、每穗粒数和千粒重。这是它们的共同点，也是测产的根本依据。尽管各个作物都有具体要求，但其测产的准确性都取决于样点的数量及代表性、调查数据的准确性、粒重取值的可靠性。估产的方法不外乎预测（目测和抽样测）和实测（测样点上的实际产量）两种，前一种简便、迅速，但误差大，特别是目测误差大；后一种结果准确，但费工、不及时。

三、材料及用具

1. 材料

大田不同产量水平下的玉米植株或其他不同栽培措施处理下的植株。

2. 用具

钢卷尺、皮卷尺、卡尺、感量为 0.1 g 天平、瓷盘等。

四、方法步骤

（一）估产步骤与方法

（1）玉米估产可在乳熟末期进行初测，在蜡熟末期进行实测，在一块地（或处理）取 3～5 个点，在每个点进行下列项目调查记载并估产。

（2）每点选取 50 株或 100 株，调查空株率、折断株率、双穗株率、单株果穗和黑粉病株率等。

（3）测行株距，量 21 行的距离求行距，量 51 株的距离求株距，根据行、株距，求每公顷株数。

（4）从第二项调查株内连续选 10～20 株，调查株高、茎粗及果穗着生节位（自下向上数）

和高度。

（5）从样点内连续选取 10～20 个果穗,除去苞叶,调查穗长、秃顶长度、籽粒行数及每行籽粒数。

（6）初测可在田间植株上进行测定,实测时还需把果穗晒干、脱粒,称其果穗重、籽粒重及千粒重,并求出果实籽粒出产率等。

（7）根据以上调查结果,可计算出每公顷产量。

初测每公顷产量(kg/hm²)＝每公顷株数×单株果穗数×每穗粒数×千粒重(g)/1000

实测每公顷产量(kg/hm²)＝每公顷株数×单株果穗数×每穗粒重(g)/1000

（二）记载项目标准与方法

1. 每公顷株数

$$每公顷株数＝10000(m^2)/[平均行距(m)×平均株距(m)]$$

2. 双穗率

单株双穗(指结实 10 粒以上的果穗)植株占全样品植株的百分率。

3. 空株率

不结实果穗或有穗结实不足 10 粒的植株占全样品植株的百分率。

4. 单株绿叶面积

当时单株绿色叶片面积[单叶中脉长(cm)×最大宽度(cm)×0.7](cm²)总和。

5. 每公顷绿叶面积

$$每公顷绿叶面积(m^2)＝[平均单株叶面积(cm^2)×每公顷株数]/10000(m^2)$$
$$叶面积指数(系数)＝每公顷绿叶面积(m^2)/10000(m^2)$$

6. 株高

自地面直至雄穗顶端的高度(cm),一般取 20 株的平均值(下同)。

7. 穗位高度

自地面直至最上果穗着生节的高度(cm)。

8. 茎粗

植株地上部分第三节间中部扁平面的直径(cm 或 m),根据不同要求可分别量出地上部一、二、三节间的直径。

9. 果穗长度

穗基部(不包括穗柄)至顶端的长度(cm)。

10. 果穗直径

距果穗基部三分之一处的直径(cm)。

11. 秃顶度

秃顶长度占果穗长度的百分率。

12. 粒行数

果穗中部籽粒的行数。

13. 穗粒数

穗籽粒的总数。

14. 果穗重

风干果穗的重量(g)。

15. 穗粒重

果穗上全部籽粒风干重量(g)。

16. 籽粒产出率

$$籽粒产出率(\%)=穗粒重/果穗重\times100\%$$

17. 百粒重

自脱粒风干的种子中随机取出 100 粒称量,要精确到 0.1 g。重复 2 次,如 2 次相差超过允许的 3%～5% 就需再做 1 次,取 2 次质量相近的平均值。在样品量大的情况下,最好做千粒重的测定。

五、要求

(1) 分别填写玉米田间测产统计表(表 2-6-1)和玉米单株经济性状考种表(表 2-6-2)内项目的考查内容,比较分析考查材料的结果。

表 2-6-1 玉米田间测产统计表

处理及单位: 品种: 日期: 调查人:

样点	行距/m	株距/m	公顷株数	空秆率/(%)	双穗率/(%)	公顷穗数	穗粒数	千粒重/g	产量/(kg/hm²)
合计									
平均									

表 2-6-2 玉米单株经济性状考种表

处理及单位: 品种: 日期: 调查人:

株号	株高/m	穗位高/m	穗数	秃顶长/cm	秃顶率/(%)	穗粒行数	穗行粒数	果穗重/g	果穗千粒重/g	籽粒产出率/(%)
1										
2										
3										

续表

株号	株高/m	穗位高/m	穗数	秃顶长/cm	秃顶率/(%)	穗粒行数	穗行粒数	果穗重/g	果穗千粒重/g	籽粒产出率/(%)
4										
……										
平均										

（2）教师引导学生完成其他种类农作物的估产和测产，并完成具体实施方案。

训练 7　作物新品种 DUS 测试

一、目的

了解作物新品种 DUS（特异性、一致性、稳定性）的含义，掌握 DUS 测试技术。

二、内容说明

根据《植物新品种保护条例》，完成育种的单位或个人对其授权的品种，享有排他的独占权。一个新品种的授权，必须同时具备特异性、一致性和稳定性，这是品种通过审定、登记的前置条件。农作物新品种测试是对申请保护的农作物新品种进行特异性（distinctness）、一致性（uniformity）和稳定性（stability）的栽培鉴定试验或室内分析测试的过程（简称 DUS 测试），根据特异性、一致性和稳定性的试验结果，判定测试品种是否属于新品种，为作物新品种保护提供可靠的判定依据。

特异性的判别是根据测试品种在质量性状上有一个性状或数量性状上有两个及两个以上性状与近似品种达到差异，或数量性状有一个性状与近似品种相差两个及两个以上代码，即可判定测试品种具有特异性。

一致性是指以代码为单元，分析整个小区植株的变异率，结果的判别是采用 3% 的群体标准和 95% 的接受概率。

稳定性是指经过反复繁殖后或者在特定繁殖周期结束时，其相关的特征或特性保持不变。判别要求观察植株至少为 5 株，如果测试品种同一性状在两个相同生长季节表现在同一代码内,或第 2 次测试的变异度与第 1 次测试的变异度无显著变化,表示该品种在此性状上具有稳定性。

DUS 的测试方法仍然采用田间种植鉴定,是将申请品种与近似品种在相同的生长条件下,从植物的种子期、幼苗期、开花期、成熟期等各个阶段对多个质量性状、数量性状及抗病性等做出观察记载,并与近似品种进行结果比较,一般要经过 2～3 年的重复观察,才能做出合理、客观的评价。

三、材料及用具

1. 材料
新选育的品种如下。

水稻:保持系、常规种、光敏不育系、恢复系、三系不育系、杂交种、不育系、两系不育系。

小麦:半冬性、不育系、常规种。

玉米:杂交种、单交种、开放授粉品种、群体、三交种、双交种、自交系。

大豆:常规种、杂交种。

棉花:非转基因杂交种、不育系、非转基因常规种、转基因杂交种、转基因常规种。

2. 用具
田间试验设计、实施以及日常观察及考种所需工具、标签、铅笔、记录本等。

四、方法步骤

(一)测试材料的接收

1. 接收材料基本要求
应为原原种,外观健康,生活力高,无病虫侵害。一般不进行任何影响品种性状正常表达的处理(如种子包衣处理),如已处理,应提供处理的详细说明。

2. 接收材料的数量和质量要求
(1)玉米

数量:至少 1500 粒。

质量:净度≥98%,发芽率≥85%,含水量≤13%。

(2)水稻

数量:至少 2500 粒。

质量:常规种,净度≥98%,发芽率≥85%,含水量≤13%(籼)、含水量≤14.5%(粳);不育系、保持系、恢复系、杂交系,净度≥98%,发芽率≥85%,含水量≤13%。

(3)普通小麦

数量:至少 12000 粒。

质量:净度≥98%,发芽率≥85%,含水量≤13%。

(4)大豆

数量:至少 2000 粒。

质量:净度≥98%,发芽率≥85%,含水量≤12%。

(5)棉花

数量:至少 1000 粒。

质量:棉花毛籽,净度≥97％,发芽率≥70％,含水量≤12％;棉花光籽,净度≥99％,发芽率≥80％,含水量≤12％。

3. 接收材料中应避免发生的问题

(1)不是原原种,导致一致性不合格。

(2)数量不够或时间过晚,耽误播种。

(3)包装不结实,造成混杂或遗漏。

(4)存在包衣、拌药现象而无特殊说明。

(5)标识不清晰或品种名称与委托(申请)文件不匹配。

(二)制定作物品种特异性、一致性、稳定性测试方案

1. 方案基本信息

单位名称(个人姓名)、测试时间、测试地点、测试人员及联系方式、作物种类、标准品种情况(根据实际情况表述为"有无标准品种、标准品种齐全、有部分标准品种以及具备的标准品种名称")。

2. 品种信息

测试品种名称、近似品种名称、近似品种来源以及选择近似品种的理由。

3. 试验设计

包括地块选择、小区布局、重复次数等信息。

4. 田间管理措施

水肥措施、病虫防治、动物危害防护措施等。

5. 育种过程

分品种叙述育种过程,包括组合、亲本来源、系谱图等。

(三)确定性状观测指标(性状数据采集)

根据各种植物新品种 DUS 测试指南,确定性状观测指标,完成各项数据采集、记录和图片采集整理工作。

(四)特异性、一致性及稳定性判定

根据各种植物新品种 DUS 测试指南,完成特异性、一致性及稳定性判定,并完成技术问卷和现场考察工作。

(五)测试报告编制

撰写 DUS 测试报告、现场考察报告及现场考察建议书工作。

(六)收获物处理、资料归档

及时对收获物和测试所有相关资料归类整理,以备核查。

五、要求

(1)以任意作物品种为例,制订测试方案,完成 DUS 测试所有环节,并撰写 DUS 测试报告、技术问卷和现场考察报告、考察建议书。

(2)总结分析 DUS 测试存在的问题。

附:作物 DUS 测试报告和现场考察报告、考察建议书、技术问卷等参考模板

1. 农业植物品种特异性、一致性、稳定性自行测试报告(参考)

申请号		申请人		
品种类型		品种名称		
属或种		测试指南		
测试地点				
生长周期				
材料来源				
近似品种名称				

有差异性状	申请品种代码/描述	近似品种代码/描述	备注

特异性	
一致性	
稳定性	
结论	□特异性　□一致性　□稳定性(√表示具备,×表示不具备)
其他说明	

测试员		日期	

申请人签字(盖章):

年　月　日

性状描述表

性状	代码及描述		数据

填表说明:

(1)性状描述表中所填性状应按照测试指南性状编号及其名称顺序填写。

(2)测试报告中所涉及该申请品种的所有性状都应填写。

图像描述

申请品种描述照片 （示例）	申请品种与近似品种有差异性状照片 （示例）

照片一　XXXX-XXXX 植株

照片二　春梢中部完全发育叶片比较

性状	申请品种	近似品种
15 叶片:形状(示例)	中等椭圆形(3)(示例)	窄椭圆形(2)(示例)

图像描述拍摄说明:

(1)图像描述包括申请品种性状描述照片、申请品种与近似品种性状对比描述照片。

(2)原则上,拍摄大小、长宽等性状应放置标尺,颜色性状放置比色卡。

性状对比表(选填)

性状	申请品种		近似品种		差异
	代码及描述	数据	代码及描述	数据	
1					
2					
3					
4					
5					
6					

2. DUS 测试照片示例

＊＊＊照片(如苗期照片)

(1) 拍摄时期:＊＊＊＊＊(某一生长发育时期)。

(附照片原图)

(2) 拍摄地点与时间:＊＊＊(如室外,上午 9 点至下午 4 点)。

(3) 拍摄前准备:拍摄前的所有具体准备工作。如田间小区插标签;选择叶片完整且已开花的典型植株,从根部带土挖出,搬运到遮阴处,放入花盆中,旁边摆放直尺,进行拍摄;取典型植株主茎 2 穗,选典型主茎穗 10~20 穗,取中部 4~8 对小穗基部第 1、2 个籽粒,置于培养皿中,附上标签。

(4) 拍摄背景:拍摄照片的背景,照片应清晰、明显、层次分明。如田间自然背景、灰色背景、黑色背景、白色背景等。

(5) 拍摄技术要求

①分辨率:1600×1200 以上。

②光线:充足柔和的自然光。

③拍摄角度:田间,顺光或侧光,45°俯摄。

④拍摄模式:P 模式。

⑤白平衡:自定义。

⑥物距:150 cm。

⑦相机固定方式:使用三脚架或手持。

按照以上要求分别完成花、苗、小区、单株、成熟株、果实、果穗、籽粒等照片的拍摄。

3. 农业植物品种特异性、一致性、稳定性测试现场考察记录表(参考)

根据《中华人民共和国植物新品种保护条例》第三十条的规定,审批机关认为必要时,可以委托指定的测试机构进行测试或者考察业已完成的种植或者其他试验的结果。

一、现场考察参加人员

二、申请品种背景资料

品种暂定名称		植物种类	
申请人		申请号	
近似品种名称			

三、田间测试现场布局

依据技术标准	

续表

测试地点		测试时间	
小区面积		群体大小	
重复数		标准品种情况	
备注			

四、现场核查情况

		是	否
1	测试是否采用规定的技术标准		
2	测试品种育种过程是否与申请文件中一致		
3	近似品种是否与现场考察通知书中一致		
4	在测试地点是否有比近似品种更为近似的品种		
5	测试品种植株数量是否满足测试指南的最低要求		
6	测试品种与近似品种是否相邻种植		
7	试验是否有重复		
8	是否有原始记录		
9	品质或抗性等生理生化性状,是否有第三方出具的检测报告		
10	品种描述是否完整		

五、田间考察记录

	性状名称(编号)	申请品种描述(代码)	近似品种描述(代码)	备注
特异性				
一致性				
稳定性				

六、其他记录

审查员（测试员）		年　月　日

4.农业植物品种特异性、一致性、稳定性测试现场考察报告（参考）

根据《中华人民共和国植物新品种保护条例》第三十条的规定,审批机关认为必要时,可以委托指定的测试机构进行测试或者考察业已完成的种植或者其他试验的结果。

应应申请人请求,　年　月　日至　月　日,共　天,审查员(测试员)对申请品种DUS测试进行了田间现场考察。现将结果报告如下:

一、现场考察参加人员

二、有关申请品种的背景资料

品种暂定名称		植物种类	
申请人			
申请号		申请日	
品种类型		近似品种名称	
申请品种的亲本			
申请品种的繁殖方式			
适宜种植区域			
其他(含申请品种被侵权情况等)			

三、田间测试现场布局

依据技术标准			
测试地点		测试时间	

续表

小区面积	
群体大小	重复数
标准品种是否齐全	
备注	

四、田间考察结果

		性状名称	申请品种名称	近似品种名称	说明
1.特异性	□具备特异性				
	□不具备特异性				
2.一致性					
3.稳定性					

五、考察结论

六、附件

1.照片及其简要说明：

2.其他说明：

考察人(签章)： 年　月　日	负责人(签章)： 年　月　日

5. 农业植物品种特异性、一致性、稳定性测试现场考察建议书(参考)

植物种类		申请号		品种暂定名称	
申请日		初审合格公告日			
申请人及 联系方式					
代理人及 联系方式					
现场 考察 原因					
是否委托测试分中心承担 (若是,填写分中心名称)					
审查员 (签字)		年　月　日	测试中心意见		年　月　日

6. 技术问卷模板(参考)

<h1 style="text-align:center">XXX 技术问卷</h1>

申请号:
申请日:
[由审批机关填写]

(申请人或代理机构签章)

　　1.品种暂定名称:＿＿＿＿＿＿＿＿＿＿＿＿＿＿＿＿＿＿＿

　　2.申请测试人信息

　　姓　　名:

　　地　　址:

　　电话号码:　　　　　　传真号码:　　　　　　手机号码:

　　邮箱地址:

　　育种者姓名:

　　3.植物学分类

　　拉丁名:＿＿＿＿＿＿＿＿＿＿＿＿＿＿＿＿＿＿＿

　　中文名:＿＿＿＿＿＿＿＿＿＿＿＿＿＿＿＿＿＿＿

　　4.品种类型、来源及适宜生长区域

　　5.品种保存和繁殖技术要点

　　6.指出品种的性状

7.申请品种与近似品种的差异

8.有助于辨别申请品种的其他信息

（1）抗病虫害的特性

（2）品种测试要求的特殊条件

（3）其他

以上内容可以参考主要农作物的 DUS 测试指南完成。

第3部分　作物分子育种技术

训练 1　作物 DNA 提取及检测

一、目的

通过对作物 DNA 的提取及检测,学习与掌握核酸的快速提取及检测的方法和技术。

二、内容说明

DNA(脱氧核糖核酸)是由脱氧核糖、磷酸和 4 种碱基——腺嘌呤(A)、胸腺嘧啶(T)、鸟嘌呤(G)与胞嘧啶(C)组成。每个 DNA 分子有两条走向相反的核苷酸链,两条链对应碱基间,呈 A-T、C-G 配对关系,形成双螺旋结构。植物 DNA 包括细胞核 DNA 和细胞核外 DNA,前者存在于细胞核内,后者存在于细胞质中有半自主性复制活性的细胞器内,如线粒体 DNA (mtDNA)和叶绿体 DNA(ctDNA)。细胞内 DNA 与蛋白质结合在一起以核蛋白(DNP)的形式存在。在提取 DNA 时,需破坏细胞壁及细胞膜使核蛋白释放出来。

常用的 DNA 提取方法有 SDS 法和 CTAB 法,主要分为三个阶段:破碎细胞、去除蛋白质和沉淀核酸。SDS 是有效的阴离子去垢剂,细胞中 DNA 与蛋白质之间常借静电引力或配位键结合,SDS 能够破坏这种价键。CTAB 是一种阳离子去垢剂,它可以溶解膜与脂膜,使细胞中的 DNA-蛋白质复合物释放出来,并使蛋白质变性,使 DNA 与蛋白质分离。

DNA 在一定的 pH 条件下可以解离成带电离子,在电场中向相反的电极移动。DNA 样品在凝胶中泳动时,凝胶中的核酸染料就插入核酸分子中,形成荧光络合物,在紫外线照射下能发射荧光,且荧光强度正比于核酸含量。琼脂糖是从海藻中分离提取到的一种线性多糖聚合物。琼脂糖凝胶电泳是分离、鉴定核酸的标准方法,可分离 200 bp 至 50 kb 的 DNA 片段,并且操作简便。

三、材料及用具

1. 材料
玉米幼苗(水培苗或组培苗)叶片。

2. 试剂与用具
2×CTAB 抽提液(CTAB、Tris-HCl、EDTA、NaCl,pH = 8.0)、氯仿-异戊醇(体积比为

24:1)、巯基乙醇、异丙醇、70％乙醇、琼脂糖、1×TAE(Tris 碱、冰乙酸、EDTA)、核酸染料 GoldView™、DNA 分子量标准等。

离心机、水浴锅、研钵、微量移液器、电泳仪、电泳槽、制胶模具、凝胶成像系统等。

四、方法步骤

(1) 称取玉米幼苗叶片 0.2～0.3 g,加入液氮后迅速研磨成粉末并装入 2 mL 离心管中,然后加入 700 μL 预热后的 2×CTAB 抽提液,充分摇匀,然后 65 ℃水浴加热 30 min,颠倒混匀 2～3 次。

(2) 水浴结束后冷却至室温,加入 700 μL 氯仿-异戊醇(体积比为 24：1,应注意加入的 2×CTAB 抽提液和氯仿-异戊醇的体积要一致)置于摇床上轻摇约 10 min,至上清液呈乳白色。然后将离心管放入冷冻离心机,4 ℃、12000 r/min 条件下离心 10 min。

(3) 小心吸取上清液转入另一离心管中,加入−40 ℃条件下预冷的无水乙醇 800 μL,小心混匀,直至有絮状物出现。

(4) 倒掉离心管中的无水乙醇,将 DNA 用 70％乙醇洗涤 1～2 次,风干 DNA 至无酒精味,加入 100 μL 经高温高压灭菌后的 TE 溶液或蒸馏水,待 DNA 完全溶解后存放于−20 ℃冰箱备用。

(5) 制备 1％琼脂糖凝胶。称取琼脂糖 0.8 g,并加入 80 mL 1×TAE 电泳缓冲液,加热至琼脂糖全部溶化,冷却至 50～60 ℃时,加入 10 μL 核酸染料 GoldView™,轻摇混匀。

(6) 用胶带将制胶板两端封好,插入适当梳子,将溶解后的琼脂糖缓慢倒入制胶模具,待胶凝固拆掉胶带,将凝胶置于电泳槽中,加入 1×TAE 电泳缓冲液至液面覆盖凝胶 1～2 mm,小心拔出梳子。

(7) 用移液器吸取 5～8 μL DNA 样液或 PCR 扩增样品,小心加入点样孔(指示剂单独点),也可以先点样再将凝胶置于电泳槽中。

(8) 打开电源开关,调节电压至 120 V,电流 100 mA(也可根据实际情况调整电压和电流),务必保证靠近加样孔的一端为负极。待胶中蓝色条带出现在胶的中央附近,即可切断电源,停止电泳。

(9) 取电泳凝胶块放置在凝胶成像仪中拍照,保存图片。

五、要求

(1) 展示 DNA 电泳图,图上标明各泳道分别代表什么,并分析 DNA 质量。

(2) 简述琼脂糖凝胶电泳中影响 DNA 分子移动速度的因素。

训练 2　PCR 扩增基因

一、目的

了解 PCR 体外扩增 DNA 的基本原理,熟悉掌握 PCR 技术的操作。

二、内容说明

PCR(polymerase chain reaction)即聚合酶链式反应,最早由 Khorana(1971)提出设想:经过 DNA 变性,与合适引物杂交,用 DNA 聚合酶延伸引物,并不断重复该过程,便可克隆 tRNA 基因。PCR 可短时间在试管内将特定 DNA 片段扩增数百万倍。该技术已成为分子生物学研究的基础技术,在植物分子育种中具有重要的应用价值。其原理类似于 DNA 的天然复制过程,即以待扩增的 DNA 为模板,由与待扩增的 DNA 两侧互补的两个人工合成的寡核苷酸做引物,在 4 种底物(4 种 dNTP)和 DNA 聚合酶存在的情况下,经加热变性、降温复性和延伸,进行 DNA 扩增。通过多次反复的循环后,能使微量的特异的模板 DNA 得到极大程度的扩增。

1. 变性

加热使待扩增的模板 DNA 在高温(94 ℃)下变性,双链间的氢键断裂形成两条单链,即高温变性阶段。

2. 复性

降低溶液温度,使合成的引物在低温(50~60 ℃)下与待扩增的模板 DNA 片段按碱基配对原则特异性结合,形成部分双链,即低温复性阶段。

3. 延伸

溶液反应温度上升至中等温度(72 ℃),耐热 DNA 聚合酶以单链 DNA 为模板,以 4 种脱氧核苷三磷酸,即 dNTP(dATP、dCTP、dGTP 和 dTTP)为原料,在引物的引导下催化合成互补的 DNA,即引物的中温延伸阶段。

以上 3 个步骤组成 1 轮循环,经过 25~35 轮循环后就可使目的 DNA 片段得到大量的扩增。

三、材料及用具

1. 材料

训练 1 保存的 DNA 样品。

2. 试剂与用具

PCR 试剂盒(2×Taq PCR Mastermix,天根生化科技(北京)有限公司,KT201)、液体石蜡、TE 缓冲液、0.5×TBE 电泳缓冲液、琼脂糖、核酸染料 GoldView™、看家基因 Actin 引物(ACT1:5′-TCTGCTGAGCGAGAAAT-3′和 ACT2:5′-AGCCACCACTAAGACAAT-3′)。

PCR 仪、离心机、0.2 mL 离心管、电泳仪、电泳槽、旋涡振荡器、凝胶成像系统、微量移液器及枪头、恒温水浴锅、PE 手套。

四、方法步骤

(1) 在每个 0.2 mL 离心管内按表 3-2-1 加入试剂,配制反应液。

(2) 向每管反应液中滴入 1 滴液体石蜡封口。

(3) 将"训练 1 DNA 样品"更换为"TE 缓冲液",配制阴性对照反应管。

(4) 将各反应管放入 PCR 仪内,并设置如下扩增程序(表 3-2-2)。

表 3-2-1　PCR 反应体系

试剂	体积
训练 1DNA 样品	5.0 μL
2× Taq PCR Mastermix	25.0 μL
ACT1(10 μmol/L)	2.5 μL
ACT2(10 μmol/L)	2.5 μL
H$_2$O	15.0 μL
总体积	50.0 μL

表 3-2-2　反应程序

温度	时间
预变性 94 ℃	5 min
变性 94 ℃	0.5 min
退火 55 ℃	0.5 min ⎫
延伸 72 ℃	1.5 min ⎬ 35 个循环
延伸 72 ℃	10 min
保存 4 ℃	∞

（5）取 5 μL PCR 扩增产物用 1% 琼脂糖凝胶检测，利用凝胶成像系统在紫外灯下拍照保存。

五、要求

（1）展示 PCR 扩增产物电泳图，并标注各条带。

（2）分析影响 PCR 扩增结果的因素。

训练 3　植物遗传多样性的分子检测

一、目的

学习 ISSR 分子标记的基本原理和操作方法，掌握作物遗传多样性的分析方法。

二、内容说明

遗传多样性是生物多样性的基础，任何一个物种都具有独特的基因库和遗传结构，同时在不同的个体间往往也存在着丰富的遗传变异，这些统统构成了生物的遗传多样性。因此，遗传多样性是生物界所有遗传变异的总和。狭义地讲，遗传多样性是指种内基因的变化，包括种内显著不同的居群间和同一居群内不同个体间的遗传变异,亦称基因多样性。遗传多样性与物种多样性及生态系统多样性的不同,在于有些遗传多样性是用肉眼难以直接观察到的,必须借助某些现代生物学的技术与手段加以检测。研究遗传多样性对了解物种起源、预测种源适应性、估算基因资源分布、进行种质资源开发与利用、确定核心种质并保存、进行杂交育种的亲本选配等均有重要意义。

随着生物学研究层次的提高和实验手段的不断改进,检测遗传多样性的方法从形态学水平、细胞学(染色体)水平、生理生化水平逐步发展到了目前的分子水平。目前用于遗传多样性分析的分子标记主要有 RFLP、RAPD、SSR、AFLP 和 ISSR 标记等。不同标记的原理和方法存在差异。

ISSR 是 Zietkiewicz 等于 1994 年创建的以 PCR 技术为基础的分子标记技术,该项技术以 DNA 用量少、多态性水平高、可重复性好、成本低廉为主要特点,而且基于 ISSR 标记建立的作物品种指纹图谱可有效区分变种、杂种,适用于品种亲缘关系分析、种子真伪性和纯度鉴定,在马铃薯、水稻、玉米、小麦、菊、腰果、草莓、柑橘、可可豆等植物中均有应用。

三、材料及用具

1. 材料

贵州主栽的 50 个不同品种小麦幼苗:阿勃、阿夫、欧柔、南大 2419、矮粒多、五一麦、中农 28、内乡 5 号、贵农 10 号、贵农 11 号、贵农 12 号、贵农 13 号、贵农 15 号、黔麦 12 号、黔麦 14 号、黔麦 15 号、黔麦 16 号、贵麦 2 号、贵麦 4 号、贵麦 5 号、兴麦 17、丰优 2 号、丰优 3 号、丰优 5 号、丰优 7 号、筑麦 23、毕麦 5 号、毕麦 10 号、毕麦 11 号、毕麦 13 号、毕麦 15 号、毕麦 16 号、毕麦 17 号、安麦 2 号、安麦 4 号、安麦 5 号、绵农 3 号、绵农 4 号、绵阳 11 号、绵阳 15 号、绵阳 19 号、绵阳 20 号、绵阳 21 号、绵阳 26 号、川麦 10 号、川麦 11 号、川麦 16 号、川麦 19 号、川麦 21 号、川麦 22 号。

2. 试剂与用具

DNA 提取试剂盒(天根生化科技(北京)有限公司,DP350)、PCR 试剂盒(2×Taq PCR Mastermix,天根生化科技(北京)有限公司,KT201)、液体石蜡、0.5×TBE 电泳缓冲液、琼脂糖、核酸染料 GoldView™、ISSR 引物。

高速离心机、恒温水浴锅、PCR 管、1.5 mL 离心管、枪头、手套、微量移液器、高压灭菌锅、培养皿、PCR 仪、紫外分光光度计、电泳仪、研钵、液氮、超低温冰箱等。

四、方法步骤

(1)采集各品种小麦幼叶,按照 DNA 提取试剂盒操作说明进行 DNA 的提取。

(2)制备 1% 琼脂糖凝胶,吸取 0.2 μL DNA 溶液,点样、电泳。用凝胶成像系统进行观察并记录。

(3)DNA 浓度的测定。取 20 μL 提取的小麦 DNA,加入 1980 μL 蒸馏水对待测 DNA 样品做 1∶100 稀释。蒸馏水作为空白,在波长 260 nm、280 nm 处调节紫外分光光度计读数至零。加入 DNA 稀释液,测定 260 nm 及 280 nm 的吸收值。260 nm 读数用于计算样品中的核酸浓度,OD_{260} 值为 1,相当于约 50 μg/mL 双链 DNA 或 33 μg/mL 单链 DNA。可根据在 260 nm 以及在 280 nm 的读数的比值(OD_{260}/OD_{280})估计核酸的纯度。一般 DNA 的纯品,其比值

为1.8,低于此数值说明有蛋白质或其他杂质的污染。记录 OD 值,通过计算确定 DNA 浓度或纯度,公式如下:

$$dsDNA(\mu g/mL)=50\times(OD_{260})\times 稀释倍数$$

(4)根据各样本 DNA 浓度,加水稀释,使各样本浓度基本一致。

(5)采用的引物参照加拿大哥伦比亚 UBC 公司公布的100条序列,由上海生工生物工程技术服务有限公司合成。表 3-3-1 为部分引物序列。

表 3-3-1　部分引物序列

引物	序列(5′ → 3′)	退火温度/℃
807	AGA GAG AGA GAG AGA GT	53
808	AGA GAG AGA GAG AGA C	56
815	CTC TCT CTC TC TC TC TG	50
825	ACA CAC ACA CAC ACA CT	57
826	ACA CAC ACA CAC ACA CC	55
835	AGA GAG AGA GAG AGA GTC	54
840	GAG AGA GAG AGA GAG AYT	54
881	GGG TGG GGT GGG GTG	54
886	VDV CTC TCT CTC TCT CT	54
888	BDB CAC ACA CAC ACA CA	60
889	BDB ACA CAC ACA CAC AC	61
891	HVH TGT GTG TGT GTG TG	57

注:Y=(C,T);B=(C,G,T)(i.e.not A);D=(A,G,T)(i.e.not C);H=(A,C,T)(i.e.not G);V=(A,C,G)(i.e.not T)。

(6)以调整浓度后的小麦 DNA 为模板,进行 PCR 反应。反应混合液成分见表 3-3-2。

表 3-3-2　PCR 反应混合液成分

试剂	体积
DNA 样品	1.5 μL
2× Taq PCR Mastermix	7.5 μL
ISSR 引物(10 μmol/L)	1.2 μL
H$_2$O	4.8 μL
总体积	15.0 μL

(7)将反应液放入 PCR 仪,扩增程序见表 3-3-3。

表 3-3-3　PCR 扩增程序

温度	时间	
预变性 94 ℃	4 min	
变性 94 ℃	45 s	
退火 50～60 ℃	45 s	30 个循环
延伸 72 ℃	1.5 min	
延伸 72 ℃	7 min	
保存 4 ℃	∞	

（8）取 10 μL 反应产物在 2％琼脂糖凝胶中电泳检测，以 5 V/cm 的电压电泳 70 min。把电泳好的凝胶置于凝胶分析仪中紫外光下观察，将所成图像拍照、保存。

（9）数据分析。每条 ISSR 引物重复扩增 3 次，绝大部分带型可重复，极少量不能重复的条带统计时忽略不计。将成像的条带按"引物号-片段长度"为指纹进行记录，并按有、无分别赋值 1 和 0，建立数据库，转换为数值矩阵后用 NTSYSpc 2.10e 分析软件中的 Qualitative data 进行矩阵分析，用 SAHN Clustering 进行相似性系数计算，并构建亲缘关系树状图。聚类结果等级的划分参照陈守良（1983）的方法。

五、要求

（1）展示部分 ISSR 引物对不同品种小麦的扩增图谱。

（2）统计所有引物扩增条带总数、多态性条带，计算多态性比率。

（3）思考如何利用 ISSR 分子标记区分不同品种。

训练 4　目标性状特异基因克隆——以耐盐基因 NHX 为例

一、目的

了解基因克隆技术，掌握同源序列法克隆植物目标性状特异基因的方法。

二、内容说明

在植物分子育种飞速发展的今天，目标性状特异基因的发现及其功能的研究一直是分子育种研究的热点。通过几十年的努力，随着植物发育、生理生化、分子遗传等学科的迅速发展，人们掌握了大量有关植物优良性状基因的生物学和遗传学知识，再运用先进的酶学和生物学技术已经克隆出了与植物抗病、抗虫、抗除草剂、抗逆、育性、高蛋白质及植物发育有关的许多基因。

基因克隆的方法：图位克隆法（map-based cloning）、转座子或 T-DNA 标签法（transposon

or T-DNA tagging method)、同源序列法(homology-based candidate gene method)、表达序列标签法(expressed sequence tagging method)和差异表达基因的分离方法(differentially expressed gene cloning method)。

同源序列法基于 PCR 技术,首先根据基因家族各成员间保守氨基酸序列设计简并引物,并用简并引物对含有其目的基因的 DNA 文库进行 PCR 扩增,再对 PCR 扩增产物进行扩增、克隆和功能鉴定。该方法自提出以来,引起国内外学者的广泛重视,发展很迅速。

世界土地的盐渍化现象正呈现逐年上升的趋势,盐胁迫作为影响作物生长的非生物因素之一,已经严重制约着作物的产量。研究显示,在植物适应盐胁迫的过程中,植物液泡膜 Na^+-H^+ 反向运输蛋白(NHX)在作物耐盐的过程中发挥着至关重要的作用。目前已经从拟南芥、水稻、番茄等植物中克隆获得了 NHX 基因,并且其较强的耐盐能力也得到了证实。

三、材料及用具

1. 材料

拟南芥。

2. 试剂与用具

RNA simple 总 RNA 提取试剂盒(天根生化科技(北京)有限公司,DP419)、cDNA 第一链合成预混试剂(天根生化科技(北京)有限公司,KR118)、PCR 试剂盒(2×Taq PCR Mastermix,天根生化科技(北京)有限公司,KT201)、液体石蜡、0.5×TBE 电泳缓冲液、琼脂糖、核酸染料、DH5α 感受态细胞(天根生化科技(北京)有限公司,CB101)、pGM-T Fast 克隆试剂盒(天根生化科技(北京)有限公司,VT307)、通用型 DNA 纯化回收试剂盒(天根生化科技(北京)有限公司,DP214)、质粒小提试剂盒(天根生化科技(北京)有限公司,DP103)、T_4 DNA 连接酶、AtNXH1 基因特异引物。

PCR 仪、离心机、0.2 mL 离心管、分光光度计、电泳仪、电泳槽、旋涡振荡器、凝胶成像系统、微量移液器及枪头、PE 手套。

四、方法步骤

(1) 提取 RNA。采集拟南芥新鲜叶片,利用 RNA simple 总 RNA 提取试剂盒,按照说明书操作方法进行 RNA 提取;将提取的 RNA 用 1% 琼脂糖凝胶电泳检测,利用分光光度计测定 OD_{260} 和 OD_{280},并计算 OD_{260}/OD_{280}。

(2) 取 2 μg RNA,按 cDNA 第一链合成预混试剂说明书操作进行 cDNA 第一链的合成。

(3) 以 cDNA 第一链为模板,拟南芥 AtNXH1 基因特异引物为引物,进行 PCR 扩增,反应体系见表 3-4-1。

表 3-4-1　PCR 扩增反应体系

试剂	体积
cDNA	5.0 μL
2× Taq PCR Mastermix	25.0 μL
AtNXH1-F 特异引物(10 μmol/L)	2.5 μL
AtNXH1-R 特异引物(10 μmol/L)	2.5 μL

试剂	体积
H_2O	$15.0\ \mu L$
总体积	$50.0\ \mu L$

（4）将反应液放入 PCR 仪中，反应程序参考训练 2 设置。

（5）将 PCR 反应产物用 1‰琼脂糖凝胶电泳检测。在凝胶成像仪中，对目的条带进行切胶回收纯化，操作步骤参考通用型 DNA 纯化回收试剂盒操作说明进行。

（6）将纯化回收的片段 DNA，参照载体说明书操作，克隆到 pGM-T 载体中。

（7）将连接好的载体参照说明书转化至 DH5α 感受态细胞中，扩大培养后参照质粒小提试剂盒说明书提取质粒 DNA。

（8）以质粒 DNA 为模板，采用质粒通用引物，利用训练 2 PCR 方法进行质粒检测，选取带有目的片段的重组质粒测序，测序由上海生工生物工程技术服务有限公司完成。

（9）将测序结果于 NCBI 中进行序列比对，并进行序列分析。

五、要求

（1）展示目的基因的 PCR 产物电泳图及序列。

（2）分析同源序列克隆法存在的问题。

训练 5　利用花粉管通道法导入耐盐基因创制小麦新种质

一、目的

了解外源基因导入技术，掌握花粉管通道法的操作方法及转基因植株的验证方法。

二、内容说明

随着细胞生物学和分子生物学的不断发展，基因工程技术成功运用到作物育种中，加速了育种进程。基因导入技术有农杆菌介导法、基因枪法、花粉管通道法和超声波法等。花粉管通道法是利用植物在开花、受精过程中，形成的花粉管通道，将外源 DNA 导入受精卵细胞，并进一步整合到受体细胞的基因组中，随着受精卵的发育而成为带新基因的个体。与其他方法相比，花粉管通道法可直接得到转化种子，无须进行烦琐的组织培养，比常规有性杂交有更快的速度，也减少了基因型的影响；技术简单、操作简便、易于掌握，育种研究人员可直接在大田操作；且经济，无需昂贵的仪器和化学药品；适用范围广，可在任何开花植物上应用。近年来花粉管通道法在作物育种中取得了飞速发展，培育出了抗病、抗虫，以及抗各种非生物胁迫的作物新品种。

我国每 15 亿亩可耕地中约有 1 亿亩盐渍化土地，另外还有 5 亿亩盐碱荒地。盐渍化地区农业生产水平低，盐碱荒地更是颗粒无收。因此许多育种家致力于创制抗旱耐盐的作物新种。拟南芥 Na^+-H^+ 反向运输蛋白基因（$AtNHX1$）具有增强植物耐盐性的功能，将该基因导入小麦可获得小麦耐盐新品种。

三、材料及用具

1. 材料

贵州主栽小麦品种,如绵农 4 号、绵阳 28 号、兴麦 17、川麦 28 号,训练 4 克隆获得的 $AtNHX1$ 基因,表达载体 pROK2AT。

2. 试剂与用具

PCR 试剂盒(2×Taq PCR Mastermix,天根生化科技(北京)有限公司,KT201)、液体石蜡、TE 缓冲液、0.5×TBE 电泳缓冲液、琼脂糖、核酸染料、pFYC 质粒、JM109 感受态细胞、质粒小提试剂盒(天根生化科技(北京)有限公司,DP103)、T₄ DNA 连接酶、Sma Ⅰ酶、$BamH$ Ⅰ酶。

PCR 仪、离心机、0.2 mL 离心管、电泳仪、电泳槽、旋涡振荡器、凝胶成像系统、微量移液器及枪头、恒温水浴锅、PE 手套等。

四、方法步骤

(1) 表达载体构建。利用 PCR 技术(训练 2)在训练 4 克隆获得的 $AtNHX1$ 基因两侧加入 Sma Ⅰ和 $BamH$ Ⅰ酶切位点。提取含 $AtNHX1$ 基因的阳性质粒和 pFYC 质粒,同时进行 Sma Ⅰ和 $BamH$ Ⅰ双酶切,回收产物用 T₄ DNA 连接酶连接并转化 JM109 感受态细胞。

(2) 菌落 PCR 鉴定。利用 $AtNHX1$ 基因特异引物(训练 4),进行菌落 PCR 鉴定。PCR 扩增程序见表 3-5-1。

表 3-5-1　PCR 扩增程序

温度	时间	
预变性 94 ℃	4 min	
变性 94 ℃	0.5 min	
退火 55 ℃	0.5 min	35 个循环
延伸 72 ℃	0.5 min	
延伸 72 ℃	10 min	
保存 4 ℃	∞	

(3) 对鉴定结果为阳性的菌落提取质粒,命名为 pFYC-AtNHX1。

(4) 在供试小麦品种的盛花期,选择开花时间基本一致的自花授粉 3 h 的小花,去除柱头,用微量移液器将 10 μL pFYC-AtNHX1 质粒滴加到花柱上。转化完成后,正常进行田间管理,果实成熟后采收种子。

(5) 将采收的种子播种于温室内苗盘中,当幼苗长至 10 cm 时,收集叶片,单株为一样品。利用训练 1 的方法提取叶片样品 DNA,以 $AtNHX1$ 基因特异引物(训练 4)为引物,参考训练 2 的 PCR 方法进行 PCR 鉴定。

(6) 经 PCR 鉴定的阳性植株的种子进行种子发芽耐盐性鉴定。种子在 1.8%、2.0% NaCl 溶液条件下发芽 3~5 天,以清水作为对照,统计发芽率,计算盐害指数,鉴定其耐盐性。

盐害指数＝(对照发芽率－NaCl 溶液处理发芽率)/对照发芽率

五、要求

(1) 展示转基因植株的 PCR 鉴定图,并标示各条带。

(2) 根据耐盐性鉴定结果,分析本实验中 PCR 鉴定是否存在假阳性。

附录

作物品种生产、经营、管理等相关法律法规

中华人民共和国种子法

（2000 年 7 月 8 日第九届全国人民代表大会常务委员会第十六次会议通过 根据 2004 年 8 月 28 日第十届全国人民代表大会常务委员会第十一次会议《关于修改〈中华人民共和国种子法〉的决定》第一次修正 根据 2013 年 6 月 29 日第十二届全国人民代表大会常务委员会第三次会议《关于修改〈中华人民共和国文物保护法〉等十二部法律的决定》第二次修正 2015 年 11 月 4 日第十二届全国人民代表大会常务委员会第十七次会议修订）

第一章　总则

第一条　为了保护和合理利用种质资源，规范品种选育、种子生产经营和管理行为，保护植物新品种权，维护种子生产经营者、使用者的合法权益，提高种子质量，推动种子产业化，发展现代种业，保障国家粮食安全，促进农业和林业的发展，制定本法。

第二条　在中华人民共和国境内从事品种选育、种子生产经营和管理等活动，适用本法。

本法所称种子，是指农作物和林木的种植材料或者繁殖材料，包括籽粒、果实、根、茎、苗、芽、叶、花等。

第三条　国务院农业、林业主管部门分别主管全国农作物种子和林木种子工作；县级以上地方人民政府农业、林业主管部门分别主管本行政区域内农作物种子和林木种子工作。

各级人民政府及其有关部门应当采取措施，加强种子执法和监督，依法惩处侵害农民权益的种子违法行为。

第四条　国家扶持种质资源保护工作和选育、生产、更新、推广使用良种，鼓励品种选育和种子生产经营相结合，奖励在种质资源保护工作和良种选育、推广等工作中成绩显著的单位和个人。

第五条　省级以上人民政府应当根据科教兴农方针和农业、林业发展的需要制定种业发展规划并组织实施。

第六条　省级以上人民政府建立种子储备制度，主要用于发生灾害时的生产需要及余缺调剂，保障农业和林业生产安全。对储备的种子应当定期检验和更新。种子储备的具体办法由国务院规定。

第七条　转基因植物品种的选育、试验、审定和推广应当进行安全性评价，并采取严格的安全控制措施。国务院农业、林业主管部门应当加强跟踪监管并及时公告有关转基因植物品种审定和推广的信息。具体办法由国务院规定。

第二章　种质资源保护

第八条　国家依法保护种质资源，任何单位和个人不得侵占和破坏种质资源。

禁止采集或者采伐国家重点保护的天然种质资源。因科研等特殊情况需要采集或者采伐的，应当经国务院或者省、自治区、直辖市人民政府的农业、林业主管部门批准。

第九条　国家有计划地普查、收集、整理、鉴定、登记、保存、交流和利用种质资源，定期公布可供利用的种质资源目录。具体办法由国务院农业、林业主管部门规定。

第十条　国务院农业、林业主管部门应当建立种质资源库、种质资源保护区或者种质资源保护地。省、自治区、直辖市人民政府农业、林业主管部门可以根据需要建立种质资源库、种质资源保护区、种质资源保护地。种质资源库、种质资源保护区、种质资源保护地的种质资源属公共资源，依法开放利用。

占用种质资源库、种质资源保护区或者种质资源保护地的，需经原设立机关同意。

第十一条　国家对种质资源享有主权，任何单位和个人向境外提供种质资源，或者与境外机构、个人开展合作研究利用种质资源的，应当向省、自治区、直辖市人民政府农业、林业主管部门提出申请，并提交国家共享惠益的方案；受理申请的农业、林业主管部门经审核，报国务院农业、林业主管部门批准。

从境外引进种质资源的，依照国务院农业、林业主管部门的有关规定办理。

第三章　品种选育、审定与登记

第十二条　国家支持科研院所及高等院校重点开展育种的基础性、前沿性和应用技术研究，以及常规作物、主要造林树种育种和无性繁殖材料选育等公益性研究。

国家鼓励种子企业充分利用公益性研究成果，培育具有自主知识产权的优良品种；鼓励种子企业与科研院所及高等院校构建技术研发平台，建立以市场为导向、资本为纽带、利益共享、风险共担的产学研相结合的种业技术创新体系。

国家加强种业科技创新能力建设，促进种业科技成果转化，维护种业科技人员的合法权益。

第十三条　由财政资金支持形成的育种发明专利权和植物新品种权，除涉及国家安全、国家利益和重大社会公共利益的外，授权项目承担者依法取得。

由财政资金支持为主形成的育种成果的转让、许可等应当依法公开进行，禁止私自交易。

第十四条　单位和个人因林业主管部门为选育林木良种建立测定林、试验林、优树收集区、基因库等而减少经济收入的，批准建立的林业主管部门应当按照国家有关规定给予经济补偿。

第十五条　国家对主要农作物和主要林木实行品种审定制度。主要农作物品种和主要林木品种在推广前应当通过国家级或者省级审定。由省、自治区、直辖市人民政府林业主管部门确定的主要林木品种实行省级审定。

申请审定的品种应当符合特异性、一致性、稳定性要求。

主要农作物品种和主要林木品种的审定办法由国务院农业、林业主管部门规定。审定办法应当体现公正、公开、科学、效率的原则，有利于产量、品质、抗性等的提高与协调，有利于适应市场和生活消费需要的品种的推广。在制定、修改审定办法时，应当充分听取育种者、种子使用者、生产经营者和相关行业代表意见。

第十六条　国务院和省、自治区、直辖市人民政府的农业、林业主管部门分别设立由专业人员组成的农作物品种和林木品种审定委员会。品种审定委员会承担主要农作物品种和主要林木品种的审定工作，建立包括申请文件、品种审定试验数据、种子样品、审定意见和审定结论等内容的审定档案，保证可追溯。在审定通过的品种依法公布的相关信息中应当包括审定意见情况，接受监督。

品种审定实行回避制度。品种审定委员会委员、工作人员及相关测试、试验人员应当忠于职守，公正廉洁。对单位和个人举报或者监督检查发现的上述人员的违法行为，省级以上人民政府农业、林业主管部门和有关机关应当及时依法处理。

第十七条　实行选育生产经营相结合，符合国务院农业、林业主管部门规定条件的种子企业，对其自主研发的主要农作物品种、主要林木品种可以按照审定办法自行完成试验，达到审定标准的，品种审定委员会应当颁发审定证书。种子企业对试验数据的真实性负责，保证可追溯，接受省级以上人民政府农业、林业主管部门和社会的监督。

第十八条　审定未通过的农作物品种和林木品种，申请人有异议的，可以向原审定委员会或者国家级审定委员会申请复审。

第十九条　通过国家级审定的农作物品种和林木良种由国务院农业、林业主管部门公告，可以在全国适宜的生态区域推广。通过省级审定的农作物品种和林木良种由省、自治区、直辖市人民政府农业、林业主管部门公告，可以在本行政区域内适宜的生态区域推广；其他省、自治区、直辖市属于同一适宜生态区的地域引种农作物品种、林木良种的，引种者应当将引种的品种和区域报所在省、自治区、直辖市人民政府农业、林业主管部门备案。

引种本地区没有自然分布的林木品种，应当按照国家引种标准通过试验。

第二十条　省、自治区、直辖市人民政府农业、林业主管部门应当完善品种选育、审定工作的区域协作机制，促进优良品种的选育和推广。

第二十一条　审定通过的农作物品种和林木良种出现不可克服的严重缺陷等情形不宜继续推广、销售的，经原审定委员会审核确认后，撤销审定，由原公告部门发布公告，停止推广、销售。

第二十二条　国家对部分非主要农作物实行品种登记制度。列入非主要农作物登记目录的品种在推广前应当登记。

实行品种登记的农作物范围应当严格控制，并根据保护生物多样性、保证消费安全和用种安全的原则确定。登记目录由国务院农业主管部门制定和调整。

申请者申请品种登记应当向省、自治区、直辖市人民政府农业主管部门提交申请文件和种子样品，并对其真实性负责，保证可追溯，接受监督检查。申请文件包括品种的种类、名称、来源、特性、育种过程以及特异性、一致性、稳定性测试报告等。

省、自治区、直辖市人民政府农业主管部门自受理品种登记申请之日起二十个工作日内，对申请者提交的申请文件进行书面审查，符合要求的，报国务院农业主管部门予以登记公告。

对已登记品种存在申请文件、种子样品不实的，由国务院农业主管部门撤销该品种登记，并将该申请者的违法信息记入社会诚信档案，向社会公布；给种子使用者和其他种子生产经营者造成损失的，依法承担赔偿责任。

对已登记品种出现不可克服的严重缺陷等情形的，由国务院农业主管部门撤销登记，并发布公告，停止推广。

非主要农作物品种登记办法由国务院农业主管部门规定。

第二十三条　应当审定的农作物品种未经审定的,不得发布广告、推广、销售。

应当审定的林木品种未经审定通过的,不得作为良种推广、销售,但生产确需使用的,应当经林木品种审定委员会认定。

应当登记的农作物品种未经登记的,不得发布广告、推广,不得以登记品种的名义销售。

第二十四条　在中国境内没有经常居所或者营业场所的境外机构、个人在境内申请品种审定或者登记的,应当委托具有法人资格的境内种子企业代理。

第四章　新品种保护

第二十五条　国家实行植物新品种保护制度。对国家植物品种保护名录内经过人工选育或者发现的野生植物加以改良,具备新颖性、特异性、一致性、稳定性和适当命名的植物品种,由国务院农业、林业主管部门授予植物新品种权,保护植物新品种权所有人的合法权益。植物新品种权的内容和归属、授予条件、申请和受理、审查与批准,以及期限、终止和无效等依照本法、有关法律和行政法规规定执行。

国家鼓励和支持种业科技创新、植物新品种培育及成果转化。取得植物新品种权的品种得到推广应用的,育种者依法获得相应的经济利益。

第二十六条　一个植物新品种只能授予一项植物新品种权。两个以上的申请人分别就同一个品种申请植物新品种权的,植物新品种权授予最先申请的人;同时申请的,植物新品种权授予最先完成该品种育种的人。

对违反法律,危害社会公共利益、生态环境的植物新品种,不授予植物新品种权。

第二十七条　授予植物新品种权的植物新品种名称,应当与相同或者相近的植物属或者种中已知品种的名称相区别。该名称经授权后即为该植物新品种的通用名称。

下列名称不得用于授权品种的命名:

(一)仅以数字表示的;

(二)违反社会公德的;

(三)对植物新品种的特征、特性或者育种者身份等容易引起误解的。

同一植物品种在申请新品种保护、品种审定、品种登记、推广、销售时只能使用同一个名称。生产推广、销售的种子应当与申请植物新品种保护、品种审定、品种登记时提供的样品相符。

第二十八条　完成育种的单位或者个人对其授权品种,享有排他的独占权。任何单位或者个人未经植物新品种权所有人许可,不得生产、繁殖或者销售该授权品种的繁殖材料,不得为商业目的将该授权品种的繁殖材料重复使用于生产另一品种的繁殖材料;但是本法、有关法律、行政法规另有规定的除外。

第二十九条　在下列情况下使用授权品种的,可以不经植物新品种权所有人许可,不向其支付使用费,但不得侵犯植物新品种权所有人依照本法、有关法律、行政法规享有的其他权利:

(一)利用授权品种进行育种及其他科研活动;

(二)农民自繁自用授权品种的繁殖材料。

第三十条　为了国家利益或者社会公共利益,国务院农业、林业主管部门可以作出实施植物新品种权强制许可的决定,并予以登记和公告。

取得实施强制许可的单位或者个人不享有独占的实施权,并且无权允许他人实施。

第五章　种子生产经营

第三十一条　从事种子进出口业务的种子生产经营许可证,由省、自治区、直辖市人民政府农业、林业主管部门审核,国务院农业、林业主管部门核发。

从事主要农作物杂交种子及其亲本种子、林木良种种子的生产经营以及实行选育生产经营相结合,符合国务院农业、林业主管部门规定条件的种子企业的种子生产经营许可证,由生产经营者所在地县级人民政府农业、林业主管部门审核,省、自治区、直辖市人民政府农业、林业主管部门核发。

前两款规定以外的其他种子的生产经营许可证,由生产经营者所在地县级以上地方人民政府农业、林业主管部门核发。

只从事非主要农作物种子和非主要林木种子生产的,不需要办理种子生产经营许可证。

第三十二条　申请取得种子生产经营许可证的,应当具有与种子生产经营相适应的生产经营设施、设备及专业技术人员,以及法规和国务院农业、林业主管部门规定的其他条件。

从事种子生产的,还应当同时具有繁殖种子的隔离和培育条件,具有无检疫性有害生物的种子生产地点或者县级以上人民政府林业主管部门确定的采种林。

申请领取具有植物新品种权的种子生产经营许可证的,应当征得植物新品种权所有人的书面同意。

第三十三条　种子生产经营许可证应当载明生产经营者名称、地址、法定代表人、生产种子的品种、地点和种子经营的范围、有效期限、有效区域等事项。

前款事项发生变更的,应当自变更之日起三十日内,向原核发许可证机关申请变更登记。

除本法另有规定外,禁止任何单位和个人无种子生产经营许可证或者违反种子生产经营许可证的规定生产、经营种子。禁止伪造、变造、买卖、租借种子生产经营许可证。

第三十四条　种子生产应当执行种子生产技术规程和种子检验、检疫规程。

第三十五条　在林木种子生产基地内采集种子的,由种子生产基地的经营者组织进行,采集种子应当按照国家有关标准进行。

禁止抢采掠青、损坏母树,禁止在劣质林内、劣质母树上采集种子。

第三十六条　种子生产经营者应当建立和保存包括种子来源、产地、数量、质量、销售去向、销售日期和有关责任人员等内容的生产经营档案,保证可追溯。种子生产经营档案的具体载明事项,种子生产经营档案及种子样品的保存期限由国务院农业、林业主管部门规定。

第三十七条　农民个人自繁自用的常规种子有剩余的,可以在当地集贸市场上出售、串换,不需要办理种子生产经营许可证。

第三十八条　种子生产经营许可证的有效区域由发证机关在其管辖范围内确定。种子生产经营者在种子生产经营许可证载明的有效区域设立分支机构的,专门经营不再分装的包装种子的,或者受具有种子生产经营许可证的种子生产经营者以书面委托生产、代销其种子的,不需要办理种子生产经营许可证,但应当向当地农业、林业主管部门备案。

实行选育生产经营相结合,符合国务院农业、林业主管部门规定条件的种子企业的生产经营许可证的有效区域为全国。

第三十九条　未经省、自治区、直辖市人民政府林业主管部门批准,不得收购珍贵树木种子和本级人民政府规定限制收购的林木种子。

第四十条　销售的种子应当加工、分级、包装。但是不能加工、包装的除外。

大包装或者进口种子可以分装;实行分装的,应当标注分装单位,并对种子质量负责。

第四十一条　销售的种子应当符合国家或者行业标准,附有标签和使用说明。标签和使用说明标注的内容应当与销售的种子相符。种子生产经营者对标注内容的真实性和种子质量负责。

标签应当标注种子类别、品种名称、品种审定或者登记编号、品种适宜种植区域及季节、生产经营者及注册地、质量指标、检疫证明编号、种子生产经营许可证编号和信息代码,以及国务院农业、林业主管部门规定的其他事项。

销售授权品种种子的,应当标注品种权号。

销售进口种子的,应当附有进口审批文号和中文标签。

销售转基因植物品种种子的,必须用明显的文字标注,并应当提示使用时的安全控制措施。

种子生产经营者应当遵守有关法律、法规的规定,诚实守信,向种子使用者提供种子生产者信息、种子的主要性状、主要栽培措施、适应性等使用条件的说明、风险提示与有关咨询服务,不得作虚假或者引人误解的宣传。

任何单位和个人不得非法干预种子生产经营者的生产经营自主权。

第四十二条　种子广告的内容应当符合本法和有关广告的法律、法规的规定,主要性状描述等应当与审定、登记公告一致。

第四十三条　运输或者邮寄种子应当依照有关法律、行政法规的规定进行检疫。

第四十四条　种子使用者有权按照自己的意愿购买种子,任何单位和个人不得非法干预。

第四十五条　国家对推广使用林木良种造林给予扶持。国家投资或者国家投资为主的造林项目和国有林业单位造林,应当根据林业主管部门制定的计划使用林木良种。

第四十六条　种子使用者因种子质量问题或者因种子的标签和使用说明标注的内容不真实,遭受损失的,种子使用者可以向出售种子的经营者要求赔偿,也可以向种子生产者或者其他经营者要求赔偿。赔偿额包括购种价款、可得利益损失和其他损失。属于种子生产者或者其他经营者责任的,出售种子的经营者赔偿后,有权向种子生产者或者其他经营者追偿;属于出售种子的经营者责任的,种子生产者或者其他经营者赔偿后,有权向出售种子的经营者追偿。

第六章　种子监督管理

第四十七条　农业、林业主管部门应当加强对种子质量的监督检查。种子质量管理办法、行业标准和检验方法,由国务院农业、林业主管部门制定。

农业、林业主管部门可以采用国家规定的快速检测方法对生产经营的种子品种进行检测,检测结果可以作为行政处罚依据。被检查人对检测结果有异议的,可以申请复检,复检不得采用同一检测方法。因检测结果错误给当事人造成损失的,依法承担赔偿责任。

第四十八条　农业、林业主管部门可以委托种子质量检验机构对种子质量进行检验。

承担种子质量检验的机构应当具备相应的检测条件、能力,并经省级以上人民政府有关主管部门考核合格。

种子质量检验机构应当配备种子检验员。种子检验员应当具有中专以上有关专业学历,具备相应的种子检验技术能力和水平。

第四十九条　禁止生产经营假、劣种子。农业、林业主管部门和有关部门依法打击生产经营假、劣种子的违法行为，保护农民合法权益，维护公平竞争的市场秩序。

下列种子为假种子：

（一）以非种子冒充种子或者以此种品种种子冒充其他品种种子的；

（二）种子种类、品种与标签标注的内容不符或者没有标签的。

下列种子为劣种子：

（一）质量低于国家规定标准的；

（二）质量低于标签标注指标的；

（三）带有国家规定的检疫性有害生物的。

第五十条　农业、林业主管部门是种子行政执法机关。种子执法人员依法执行公务时应当出示行政执法证件。农业、林业主管部门依法履行种子监督检查职责时，有权采取下列措施：

（一）进入生产经营场所进行现场检查；

（二）对种子进行取样测试、试验或者检验；

（三）查阅、复制有关合同、票据、账簿、生产经营档案及其他有关资料；

（四）查封、扣押有证据证明违法生产经营的种子，以及用于违法生产经营的工具、设备及运输工具等；

（五）查封违法从事种子生产经营活动的场所。

农业、林业主管部门依照本法规定行使职权，当事人应当协助、配合，不得拒绝、阻挠。

农业、林业主管部门所属的综合执法机构或者受其委托的种子管理机构，可以开展种子执法相关工作。

第五十一条　种子生产经营者依法自愿成立种子行业协会，加强行业自律管理，维护成员合法权益，为成员和行业发展提供信息交流、技术培训、信用建设、市场营销和咨询等服务。

第五十二条　种子生产经营者可自愿向具有资质的认证机构申请种子质量认证。经认证合格的，可以在包装上使用认证标识。

第五十三条　由于不可抗力原因，为生产需要必须使用低于国家或者地方规定标准的农作物种子的，应当经用种地县级以上地方人民政府批准；林木种子应当经用种地省、自治区、直辖市人民政府批准。

第五十四条　从事品种选育和种子生产经营以及管理的单位和个人应当遵守有关植物检疫法律、行政法规的规定，防止植物危险性病、虫、杂草及其他有害生物的传播和蔓延。

禁止任何单位和个人在种子生产基地从事检疫性有害生物接种试验。

第五十五条　省级以上人民政府农业、林业主管部门应当在统一的政府信息发布平台上发布品种审定、品种登记、新品种保护、种子生产经营许可、监督管理等信息。

国务院农业、林业主管部门建立植物品种标准样品库，为种子监督管理提供依据。

第五十六条　农业、林业主管部门及其工作人员，不得参与和从事种子生产经营活动。

第七章　种子进出口和对外合作

第五十七条　进口种子和出口种子必须实施检疫，防止植物危险性病、虫、杂草及其他有害生物传入境内和传出境外，具体检疫工作按照有关植物进出境检疫法律、行政法规的规定执行。

第五十八条　从事种子进出口业务的，除具备种子生产经营许可证外，还应当依照国家有关规定取得种子进出口许可。

从境外引进农作物、林木种子的审定权限，农作物、林木种子的进口审批办法，引进转基因植物品种的管理办法，由国务院规定。

第五十九条　进口种子的质量，应当达到国家标准或者行业标准。没有国家标准或者行业标准的，可以按照合同约定的标准执行。

第六十条　为境外制种进口种子的，可以不受本法第五十八条第一款的限制，但应当具有对外制种合同，进口的种子只能用于制种，其产品不得在境内销售。

从境外引进农作物或者林木试验用种，应当隔离栽培，收获物也不得作为种子销售。

第六十一条　禁止进出口假、劣种子以及属于国家规定不得进出口的种子。

第六十二条　国家建立种业国家安全审查机制。境外机构、个人投资、并购境内种子企业，或者与境内科研院所、种子企业开展技术合作，从事品种研发、种子生产经营的审批管理依照有关法律、行政法规的规定执行。

第八章　扶持措施

第六十三条　国家加大对种业发展的支持。对品种选育、生产、示范推广、种质资源保护、种子储备以及制种大县给予扶持。

国家鼓励推广使用高效、安全制种采种技术和先进适用的制种采种机械，将先进适用的制种采种机械纳入农机具购置补贴范围。

国家积极引导社会资金投资种业。

第六十四条　国家加强种业公益性基础设施建设。

对优势种子繁育基地内的耕地，划入基本农田保护区，实行永久保护。优势种子繁育基地由国务院农业主管部门商所在省、自治区、直辖市人民政府确定。

第六十五条　对从事农作物和林木品种选育、生产的种子企业，按照国家有关规定给予扶持。

第六十六条　国家鼓励和引导金融机构为种子生产经营和收储提供信贷支持。

第六十七条　国家支持保险机构开展种子生产保险。省级以上人民政府可以采取保险费补贴等措施，支持发展种业生产保险。

第六十八条　国家鼓励科研院所及高等院校与种子企业开展育种科技人员交流，支持本单位的科技人员到种子企业从事育种成果转化活动；鼓励育种科研人才创新创业。

第六十九条　国务院农业、林业主管部门和异地繁育种子所在地的省、自治区、直辖市人民政府应当加强对异地繁育种子工作的管理和协调，交通运输部门应当优先保证种子的运输。

第九章　法律责任

第七十条　农业、林业主管部门不依法作出行政许可决定，发现违法行为或者接到对违法行为的举报不予查处，或者有其他未依照本法规定履行职责的行为的，由本级人民政府或者上级人民政府有关部门责令改正，对负有责任的主管人员和其他直接责任人员依法给予处分。

违反本法第五十六条规定，农业、林业主管部门工作人员从事种子生产经营活动的，依法给予处分。

第七十一条　违反本法第十六条规定，品种审定委员会委员和工作人员不依法履行职责，弄虚作假、徇私舞弊的，依法给予处分；自处分决定作出之日起五年内不得从事品种审定工作。

第七十二条 品种测试、试验和种子质量检验机构伪造测试、试验、检验数据或者出具虚假证明的,由县级以上人民政府农业、林业主管部门责令改正,对单位处五万元以上十万元以下罚款,对直接负责的主管人员和其他直接责任人员处一万元以上五万元以下罚款;有违法所得的,并处没收违法所得;给种子使用者和其他种子生产经营者造成损失的,与种子生产经营者承担连带责任;情节严重的,由省级以上人民政府有关主管部门取消种子质量检验资格。

第七十三条 违反本法第二十八条规定,有侵犯植物新品种权行为的,由当事人协商解决,不愿协商或者协商不成的,植物新品种权所有人或者利害关系人可以请求县级以上人民政府农业、林业主管部门进行处理,也可以直接向人民法院提起诉讼。

县级以上人民政府农业、林业主管部门,根据当事人自愿的原则,对侵犯植物新品种权所造成的损害赔偿可以进行调解。调解达成协议的,当事人应当履行;当事人不履行协议或者调解未达成协议的,植物新品种权所有人或者利害关系人可以依法向人民法院提起诉讼。

侵犯植物新品种权的赔偿数额按照权利人因被侵权所受到的实际损失确定;实际损失难以确定的,可以按照侵权人因侵权所获得的利益确定。权利人的损失或者侵权人获得的利益难以确定的,可以参照该植物新品种权许可使用费的倍数合理确定。赔偿数额应当包括权利人为制止侵权行为所支付的合理开支。侵犯植物新品种权,情节严重的,可以在按照上述方法确定数额的一倍以上三倍以下确定赔偿数额。

权利人的损失、侵权人获得的利益和植物新品种权许可使用费均难以确定的,人民法院可以根据植物新品种权的类型、侵权行为的性质和情节等因素,确定给予三百万元以下的赔偿。

县级以上人民政府农业、林业主管部门处理侵犯植物新品种权案件时,为了维护社会公共利益,责令侵权人停止侵权行为,没收违法所得和种子;货值金额不足五万元的,并处一万元以上二十五万元以下罚款;货值金额五万元以上的,并处货值金额五倍以上十倍以下罚款。

假冒授权品种的,由县级以上人民政府农业、林业主管部门责令停止假冒行为,没收违法所得和种子;货值金额不足五万元的,并处一万元以上二十五万元以下罚款;货值金额五万元以上的,并处货值金额五倍以上十倍以下罚款。

第七十四条 当事人就植物新品种的申请权和植物新品种权的权属发生争议的,可以向人民法院提起诉讼。

第七十五条 违反本法第四十九条规定,生产经营假种子的,由县级以上人民政府农业、林业主管部门责令停止生产经营,没收违法所得和种子,吊销种子生产经营许可证;违法生产经营的货值金额不足一万元的,并处一万元以上十万元以下罚款;货值金额一万元以上的,并处货值金额十倍以上二十倍以下罚款。

因生产经营假种子犯罪被判处有期徒刑以上刑罚的,种子企业或者其他单位的法定代表人、直接负责的主管人员自刑罚执行完毕之日起五年内不得担任种子企业的法定代表人、高级管理人员。

第七十六条 违反本法第四十九条规定,生产经营劣种子的,由县级以上人民政府农业、林业主管部门责令停止生产经营,没收违法所得和种子;违法生产经营的货值金额不足一万元的,并处五千元以上五万元以下罚款;货值金额一万元以上的,并处货值金额五倍以上十倍以下罚款;情节严重的,吊销种子生产经营许可证。

因生产经营劣种子犯罪被判处有期徒刑以上刑罚的,种子企业或者其他单位的法定代表人、直接负责的主管人员自刑罚执行完毕之日起五年内不得担任种子企业的法定代表人、高级管理人员。

第七十七条 违反本法第三十二条、第三十三条规定,有下列行为之一的,由县级以上人民政府农业、林业主管部门责令改正,没收违法所得和种子;违法生产经营的货值金额不足一万元的,并处三千元以上三万元以下罚款;货值金额一万元以上的,并处货值金额三倍以上五倍以下罚款;可以吊销种子生产经营许可证:

（一）未取得种子生产经营许可证生产经营种子的;

（二）以欺骗、贿赂等不正当手段取得种子生产经营许可证的;

（三）未按照种子生产经营许可证的规定生产经营种子的;

（四）伪造、变造、买卖、租借种子生产经营许可证的。

被吊销种子生产经营许可证的单位,其法定代表人、直接负责的主管人员自处罚决定作出之日起五年内不得担任种子企业的法定代表人、高级管理人员。

第七十八条 违反本法第二十一条、第二十二条、第二十三条规定,有下列行为之一的,由县级以上人民政府农业、林业主管部门责令停止违法行为,没收违法所得和种子,并处二万元以上二十万元以下罚款:

（一）对应当审定未经审定的农作物品种进行推广、销售的;

（二）作为良种推广、销售应当审定未经审定的林木品种的;

（三）推广、销售应当停止推广、销售的农作物品种或者林木良种的;

（四）对应当登记未经登记的农作物品种进行推广,或者以登记品种的名义进行销售的;

（五）对已撤销登记的农作物品种进行推广,或者以登记品种的名义进行销售的。

违反本法第二十三条、第四十二条规定,对应当审定未经审定或者应当登记未经登记的农作物品种发布广告,或者广告中有关品种的主要性状描述的内容与审定、登记公告不一致的,依照《中华人民共和国广告法》的有关规定追究法律责任。

第七十九条 违反本法第五十八条、第六十条、第六十一条规定,有下列行为之一的,由县级以上人民政府农业、林业主管部门责令改正,没收违法所得和种子;违法生产经营的货值金额不足一万元的,并处三千元以上三万元以下罚款;货值金额一万元以上的,并处货值金额三倍以上五倍以下罚款;情节严重的,吊销种子生产经营许可证:

（一）未经许可进出口种子的;

（二）为境外制种的种子在境内销售的;

（三）从境外引进农作物或者林木种子进行引种试验的收获物作为种子在境内销售的;

（四）进出口假、劣种子或者属于国家规定不得进出口的种子的。

第八十条 违反本法第三十六条、第三十八条、第四十条、第四十一条规定,有下列行为之一的,由县级以上人民政府农业、林业主管部门责令改正,处二千元以上二万元以下罚款:

（一）销售的种子应当包装而没有包装的;

（二）销售的种子没有使用说明或者标签内容不符合规定的;

（三）涂改标签的;

（四）未按规定建立、保存种子生产经营档案的;

（五）种子生产经营者在异地设立分支机构、专门经营不再分装的包装种子或者受委托生产、代销种子,未按规定备案的。

第八十一条 违反本法第八条规定,侵占、破坏种质资源,私自采集或者采伐国家重点保护的天然种质资源的,由县级以上人民政府农业、林业主管部门责令停止违法行为,没收种质资源和违法所得,并处五千元以上五万元以下罚款;造成损失的,依法承担赔偿责任。

第八十二条　违反本法第十一条规定，向境外提供或者从境外引进种质资源，或者与境外机构、个人开展合作研究利用种质资源的，由国务院或者省、自治区、直辖市人民政府的农业、林业主管部门没收种质资源和违法所得，并处二万元以上二十万元以下罚款。

未取得农业、林业主管部门的批准文件携带、运输种质资源出境的，海关应当将该种质资源扣留，并移送省、自治区、直辖市人民政府农业、林业主管部门处理。

第八十三条　违反本法第三十五条规定，抢采掠青、损坏母树或者在劣质林内、劣质母树上采种的，由县级以上人民政府林业主管部门责令停止采种行为，没收所采种子，并处所采种子货值金额二倍以上五倍以下罚款。

第八十四条　违反本法第三十九条规定，收购珍贵树木种子或者限制收购的林木种子的，由县级以上人民政府林业主管部门没收所收购的种子，并处收购种子货值金额二倍以上五倍以下罚款。

第八十五条　违反本法第十七条规定，种子企业有造假行为的，由省级以上人民政府农业、林业主管部门处一百万元以上五百万元以下罚款；不得再依照本法第十七条的规定申请品种审定；给种子使用者和其他种子生产经营者造成损失的，依法承担赔偿责任。

第八十六条　违反本法第四十五条规定，未根据林业主管部门制定的计划使用林木良种的，由同级人民政府林业主管部门责令限期改正；逾期未改正的，处三千元以上三万元以下罚款。

第八十七条　违反本法第五十四条规定，在种子生产基地进行检疫性有害生物接种试验的，由县级以上人民政府农业、林业主管部门责令停止试验，处五千元以上五万元以下罚款。

第八十八条　违反本法第五十条规定，拒绝、阻挠农业、林业主管部门依法实施监督检查的，处二千元以上五万元以下罚款，可以责令停产停业整顿；构成违反治安管理行为的，由公安机关依法给予治安管理处罚。

第八十九条　违反本法第十三条规定，私自交易育种成果，给本单位造成经济损失的，依法承担赔偿责任。

第九十条　违反本法第四十四条规定，强迫种子使用者违背自己的意愿购买、使用种子，给使用者造成损失的，应当承担赔偿责任。

第九十一条　违反本法规定，构成犯罪的，依法追究刑事责任。

第十章　附则

第九十二条　本法下列用语的含义是：

（一）种质资源是指选育植物新品种的基础材料，包括各种植物的栽培种、野生种的繁殖材料以及利用上述繁殖材料人工创造的各种植物的遗传材料。

（二）品种是指经过人工选育或者发现并经过改良，形态特征和生物学特性一致，遗传性状相对稳定的植物群体。

（三）主要农作物是指稻、小麦、玉米、棉花、大豆。

（四）主要林木由国务院林业主管部门确定并公布；省、自治区、直辖市人民政府林业主管部门可以在国务院林业主管部门确定的主要林木之外确定其他八种以下的主要林木。

（五）林木良种是指通过审定的主要林木品种，在一定的区域内，其产量、适应性、抗性等方面明显优于当前主栽材料的繁殖材料和种植材料。

（六）新颖性是指申请植物新品种权的品种在申请日前，经申请权人自行或者同意销售、推广其种子,在中国境内未超过一年;在境外,木本或者藤本植物未超过六年,其他植物未超过四年。

本法施行后新列入国家植物品种保护名录的植物的属或者种,从名录公布之日起一年内提出植物新品种权申请的,在境内销售、推广该品种种子未超过四年的,具备新颖性。

除销售、推广行为丧失新颖性外,下列情形视为已丧失新颖性:

1.品种经省、自治区、直辖市人民政府农业、林业主管部门依据播种面积确认已经形成事实扩散的;

2.农作物品种已审定或者登记两年以上未申请植物新品种权的。

(七)特异性是指一个植物品种有一个以上性状明显区别于已知品种。

(八)一致性是指一个植物品种的特性除可预期的自然变异外,群体内个体间相关的特征或者特性表现一致。

(九)稳定性是指一个植物品种经过反复繁殖后或者在特定繁殖周期结束时,其主要性状保持不变。

(十)已知品种是指已受理申请或者已通过品种审定、品种登记、新品种保护,或者已经销售、推广的植物品种。

(十一)标签是指印制、粘贴、固定或者附着在种子、种子包装物表面的特定图案及文字说明。

第九十三条 草种、烟草种、中药材种、食用菌菌种的种质资源管理和选育、生产经营、管理等活动,参照本法执行。

第九十四条 本法自2016年1月1日起施行。

农业转基因生物安全管理条例(2017修订版)

(2001年5月23日中华人民共和国国务院令第304号发布 根据2011年1月8日《国务院关于废止和修改部分行政法规的决定》修订 根据2017年10月7日《国务院关于修改部分行政法规的决定》修订)

第一章 总则

第一条 为了加强农业转基因生物安全管理,保障人体健康和动植物、微生物安全,保护生态环境,促进农业转基因生物技术研究,制定本条例。

第二条 在中华人民共和国境内从事农业转基因生物的研究、试验、生产、加工、经营和进口、出口活动,必须遵守本条例。

第三条 本条例所称农业转基因生物,是指利用基因工程技术改变基因组构成,用于农业生产或者农产品加工的动植物、微生物及其产品,主要包括:

(一)转基因动植物(含种子、种畜禽、水产苗种)和微生物;

(二)转基因动植物、微生物产品;

(三)转基因农产品的直接加工品;

(四)含有转基因动植物、微生物或者其产品成分的种子、种畜禽、水产苗种、农药、兽药、肥料和添加剂等产品。

本条例所称农业转基因生物安全,是指防范农业转基因生物对人类、动植物、微生物和生态环境构成的危险或者潜在风险。

第四条　国务院农业行政主管部门负责全国农业转基因生物安全的监督管理工作。

县级以上地方各级人民政府农业行政主管部门负责本行政区域内的农业转基因生物安全的监督管理工作。

县级以上各级人民政府有关部门依照《中华人民共和国食品安全法》的有关规定,负责转基因食品安全的监督管理工作。

第五条　国务院建立农业转基因生物安全管理部际联席会议制度。

农业转基因生物安全管理部际联席会议由农业、科技、环境保护、卫生、外经贸、检验检疫等有关部门的负责人组成,负责研究、协调农业转基因生物安全管理工作中的重大问题。

第六条　国家对农业转基因生物安全实行分级管理评价制度。

农业转基因生物按照其对人类、动植物、微生物和生态环境的危险程度,分为Ⅰ、Ⅱ、Ⅲ、Ⅳ四个等级。具体划分标准由国务院农业行政主管部门制定。

第七条　国家建立农业转基因生物安全评价制度。

农业转基因生物安全评价的标准和技术规范,由国务院农业行政主管部门制定。

第八条　国家对农业转基因生物实行标识制度。

实施标识管理的农业转基因生物目录,由国务院农业行政主管部门商国务院有关部门制定、调整并公布。

第二章　研究与试验

第九条　国务院农业行政主管部门应当加强农业转基因生物研究与试验的安全评价管理工作,并设立农业转基因生物安全委员会,负责农业转基因生物的安全评价工作。

农业转基因生物安全委员会由从事农业转基因生物研究、生产、加工、检验检疫以及卫生、环境保护等方面的专家组成。

第十条　国务院农业行政主管部门根据农业转基因生物安全评价工作的需要,可以委托具备检测条件和能力的技术检测机构对农业转基因生物进行检测。

第十一条　从事农业转基因生物研究与试验的单位,应当具备与安全等级相适应的安全设施和措施,确保农业转基因生物研究与试验的安全,并成立农业转基因生物安全小组,负责本单位农业转基因生物研究与试验的安全工作。

第十二条　从事Ⅲ、Ⅳ级农业转基因生物研究的,应当在研究开始前向国务院农业行政主管部门报告。

第十三条　农业转基因生物试验,一般应当经过中间试验、环境释放和生产性试验三个阶段。中间试验,是指在控制系统内或者控制条件下进行的小规模试验。环境释放,是指在自然条件下采取相应安全措施所进行的中规模的试验。生产性试验,是指在生产和应用前进行的较大规模的试验。

第十四条　农业转基因生物在实验室研究结束后,需要转入中间试验的,试验单位应当向国务院农业行政主管部门报告。

第十五条　农业转基因生物试验需要从上一试验阶段转入下一试验阶段的,试验单位应当向国务院农业行政主管部门提出申请;经农业转基因生物安全委员会进行安全评价合格的,由国务院农业行政主管部门批准转入下一试验阶段。

试验单位提出前款申请,应当提供下列材料:

(一)农业转基因生物的安全等级和确定安全等级的依据;

（二）农业转基因生物技术检测机构出具的检测报告；

（三）相应的安全管理、防范措施；

（四）上一试验阶段的试验报告。

第十六条　从事农业转基因生物试验的单位在生产性试验结束后，可以向国务院农业行政主管部门申请领取农业转基因生物安全证书。

试验单位提出前款申请，应当提供下列材料：

（一）农业转基因生物的安全等级和确定安全等级的依据；

（二）生产性试验的总结报告；

（三）国务院农业行政主管部门规定的试验材料、检测方法等其他材料。

国务院农业行政主管部门收到申请后，应当委托具备检测条件和能力的技术检测机构进行检测，并组织农业转基因生物安全委员会进行安全评价；安全评价合格的，方可颁发农业转基因生物安全证书。

第十七条　转基因植物种子、种畜禽、水产苗种，利用农业转基因生物生产的或者含有农业转基因生物成分的种子、种畜禽、水产苗种、农药、兽药、肥料和添加剂等，在依照有关法律、行政法规的规定进行审定、登记或者评价、审批前，应当依照本条例第十六条的规定取得农业转基因生物安全证书。

第十八条　中外合作、合资或者外方独资在中华人民共和国境内从事农业转基因生物研究与试验的，应当经国务院农业行政主管部门批准。

第三章　生产与加工

第十九条　生产转基因植物种子、种畜禽、水产苗种，应当取得国务院农业行政主管部门颁发的种子、种畜禽、水产苗种生产许可证。

生产单位和个人申请转基因植物种子、种畜禽、水产苗种生产许可证，除应当符合有关法律、行政法规规定的条件外，还应当符合下列条件：

（一）取得农业转基因生物安全证书并通过品种审定；

（二）在指定的区域种植或者养殖；

（三）有相应的安全管理、防范措施；

（四）国务院农业行政主管部门规定的其他条件。

第二十条　生产转基因植物种子、种畜禽、水产苗种的单位和个人，应当建立生产档案，载明生产地点、基因及其来源、转基因的方法以及种子、种畜禽、水产苗种流向等内容。

第二十一条　单位和个人从事农业转基因生物生产、加工的，应当由国务院农业行政主管部门或者省、自治区、直辖市人民政府农业行政主管部门批准。具体办法由国务院农业行政主管部门制定。

第二十二条　从事农业转基因生物生产、加工的单位和个人，应当按照批准的品种、范围、安全管理要求和相应的技术标准组织生产、加工，并定期向所在地县级人民政府农业行政主管部门提供生产、加工、安全管理情况和产品流向的报告。

第二十三条　农业转基因生物在生产、加工过程中发生基因安全事故时，生产、加工单位和个人应当立即采取安全补救措施，并向所在地县级人民政府农业行政主管部门报告。

第二十四条　从事农业转基因生物运输、贮存的单位和个人，应当采取与农业转基因生物安全等级相适应的安全控制措施，确保农业转基因生物运输、贮存的安全。

第四章　经营

第二十五条　经营转基因植物种子、种畜禽、水产苗种的单位和个人，应当取得国务院农业行政主管部门颁发的种子、种畜禽、水产苗种经营许可证。

经营单位和个人申请转基因植物种子、种畜禽、水产苗种经营许可证，除应当符合有关法律、行政法规规定的条件外，还应当符合下列条件：

（一）有专门的管理人员和经营档案；

（二）有相应的安全管理、防范措施；

（三）国务院农业行政主管部门规定的其他条件。

第二十六条　经营转基因植物种子、种畜禽、水产苗种的单位和个人，应当建立经营档案，载明种子、种畜禽、水产苗种的来源、贮存、运输和销售去向等内容。

第二十七条　在中华人民共和国境内销售列入农业转基因生物目录的农业转基因生物，应当有明显的标识。

列入农业转基因生物目录的农业转基因生物，由生产、分装单位和个人负责标识；未标识的，不得销售。经营单位和个人在进货时，应当对货物和标识进行核对。经营单位和个人拆开原包装进行销售的，应当重新标识。

第二十八条　农业转基因生物标识应当载明产品中含有转基因成分的主要原料名称；有特殊销售范围要求的，还应当载明销售范围，并在指定范围内销售。

第二十九条　农业转基因生物的广告，应当经国务院农业行政主管部门审查批准后，方可刊登、播放、设置和张贴。

第五章　进口与出口

第三十条　从中华人民共和国境外引进农业转基因生物用于研究、试验的，引进单位应当向国务院农业行政主管部门提出申请；符合下列条件的，国务院农业行政主管部门方可批准：

（一）具有国务院农业行政主管部门规定的申请资格；

（二）引进的农业转基因生物在国（境）外已经进行了相应的研究、试验；

（三）有相应的安全管理、防范措施。

第三十一条　境外公司向中华人民共和国出口转基因植物种子、种畜禽、水产苗种和利用农业转基因生物生产的或者含有农业转基因生物成分的植物种子、种畜禽、水产苗种、农药、兽药、肥料和添加剂的，应当向国务院农业行政主管部门提出申请；符合下列条件的，国务院农业行政主管部门方可批准试验材料入境并依照本条例的规定进行中间试验、环境释放和生产性试验：

（一）输出国家或者地区已经允许作为相应用途并投放市场；

（二）输出国家或者地区经过科学试验证明对人类、动植物、微生物和生态环境无害；

（三）有相应的安全管理、防范措施。

生产性试验结束后，经安全评价合格，并取得农业转基因生物安全证书后，方可依照有关法律、行政法规的规定办理审定、登记或者评价、审批手续。

第三十二条　境外公司向中华人民共和国出口农业转基因生物用作加工原料的，应当向国务院农业行政主管部门提出申请，提交国务院农业行政主管部门要求的试验材料、检测方法等材料；符合下列条件，经国务院农业行政主管部门委托的、具备检测条件和能力的技术检测机构检测确认对人类、动植物、微生物和生态环境不存在危险，并经安全评价合格的，由国务院农业行政主管部门颁发农业转基因生物安全证书：

（一）输出国家或者地区已经允许作为相应用途并投放市场；

（二）输出国家或者地区经过科学试验证明对人类、动植物、微生物和生态环境无害；

（三）有相应的安全管理、防范措施。

第三十三条　从中华人民共和国境外引进农业转基因生物的，或者向中华人民共和国出口农业转基因生物的，引进单位或者境外公司应当凭国务院农业行政主管部门颁发的农业转基因生物安全证书和相关批准文件，向口岸出入境检验检疫机构报检；经检疫合格后，方可向海关申请办理有关手续。

第三十四条　农业转基因生物在中华人民共和国过境转移的，应当遵守中华人民共和国有关法律、行政法规的规定。

第三十五条　国务院农业行政主管部门应当自收到申请人申请之日起270日内作出批准或者不批准的决定，并通知申请人。

第三十六条　向中华人民共和国境外出口农产品，外方要求提供非转基因农产品证明的，由口岸出入境检验检疫机构根据国务院农业行政主管部门发布的转基因农产品信息，进行检测并出具非转基因农产品证明。

第三十七条　进口农业转基因生物，没有国务院农业行政主管部门颁发的农业转基因生物安全证书和相关批准文件的，或者与证书、批准文件不符的，作退货或者销毁处理。进口农业转基因生物不按照规定标识的，重新标识后方可入境。

第六章　监督检查

第三十八条　农业行政主管部门履行监督检查职责时，有权采取下列措施：

（一）询问被检查的研究、试验、生产、加工、经营或者进口、出口的单位和个人、利害关系人、证明人，并要求其提供与农业转基因生物安全有关的证明材料或者其他资料；

（二）查阅或者复制农业转基因生物研究、试验、生产、加工、经营或者进口、出口的有关档案、账册和资料等；

（三）要求有关单位和个人就有关农业转基因生物安全的问题作出说明；

（四）责令违反农业转基因生物安全管理的单位和个人停止违法行为；

（五）在紧急情况下，对非法研究、试验、生产、加工，经营或者进口、出口的农业转基因生物实施封存或者扣押。

第三十九条　农业行政主管部门工作人员在监督检查时，应当出示执法证件。

第四十条　有关单位和个人对农业行政主管部门的监督检查，应当予以支持、配合，不得拒绝、阻碍监督检查人员依法执行职务。

第四十一条　发现农业转基因生物对人类、动植物和生态环境存在危险时，国务院农业行政主管部门有权宣布禁止生产、加工、经营和进口，收回农业转基因生物安全证书，销毁有关存在危险的农业转基因生物。

第七章　罚则

第四十二条　违反本条例规定，从事Ⅲ、Ⅳ级农业转基因生物研究或者进行中间试验，未向国务院农业行政主管部门报告的，由国务院农业行政主管部门责令暂停研究或者中间试验，限期改正。

第四十三条 违反本条例规定，未经批准擅自从事环境释放、生产性试验的，已获批准但未按照规定采取安全管理、防范措施的，或者超过批准范围进行试验的，由国务院农业行政主管部门或者省、自治区、直辖市人民政府农业行政主管部门依据职权，责令停止试验，并处1万元以上5万元以下的罚款。

第四十四条 违反本条例规定，在生产性试验结束后，未取得农业转基因生物安全证书，擅自将农业转基因生物投入生产和应用的，由国务院农业行政主管部门责令停止生产和应用，并处2万元以上10万元以下的罚款。

第四十五条 违反本条例第十八条规定，未经国务院农业行政主管部门批准，从事农业转基因生物研究与试验的，由国务院农业行政主管部门责令立即停止研究与试验，限期补办审批手续。

第四十六条 违反本条例规定，未经批准生产、加工农业转基因生物或者未按照批准的品种、范围、安全管理要求和技术标准生产、加工的，由国务院农业行政主管部门或者省、自治区、直辖市人民政府农业行政主管部门依据职权，责令停止生产或者加工，没收违法生产或者加工的产品及违法所得；违法所得10万元以上的，并处违法所得1倍以上5倍以下的罚款；没有违法所得或者违法所得不足10万元的，并处10万元以上20万元以下的罚款。

第四十七条 违反本条例规定，转基因植物种子、种畜禽、水产苗种的生产、经营单位和个人，未按照规定制作、保存生产、经营档案的，由县级以上人民政府农业行政主管部门依据职权，责令改正，处1000元以上1万元以下的罚款。

第四十八条 违反本条例规定，未经国务院农业行政主管部门批准，擅自进口农业转基因生物的，由国务院农业行政主管部门责令停止进口，没收已进口的产品和违法所得；违法所得10万元以上的，并处违法所得1倍以上5倍以下的罚款；没有违法所得或者违法所得不足10万元的，并处10万元以上20万元以下的罚款。

第四十九条 违反本条例规定，进口、携带、邮寄农业转基因生物未向口岸出入境检验检疫机构报检的，由口岸出入境检验检疫机构比照进出境动植物检疫法的有关规定处罚。

第五十条 违反本条例关于农业转基因生物标识管理规定的，由县级以上人民政府农业行政主管部门依据职权，责令限期改正，可以没收非法销售的产品和违法所得，并可以处1万元以上5万元以下的罚款。

第五十一条 假冒、伪造、转让或者买卖农业转基因生物有关证明文件的，由县级以上人民政府农业行政主管部门依据职权，收缴相应的证明文件，并处2万元以上10万元以下的罚款；构成犯罪的，依法追究刑事责任。

第五十二条 违反本条例规定，在研究、试验、生产、加工、贮存、运输、销售或者进口、出口农业转基因生物过程中发生基因安全事故，造成损害的，依法承担赔偿责任。

第五十三条 国务院农业行政主管部门或者省、自治区、直辖市人民政府农业行政主管部门违反本条例规定核发许可证、农业转基因生物安全证书以及其他批准文件的，或者核发许可证、农业转基因生物安全证书以及其他批准文件后不履行监督管理职责的，对直接负责的主管人员和其他直接责任人员依法给予行政处分；构成犯罪的，依法追究刑事责任。

第八章　附则

第五十四条 本条例自公布之日起施行。

关于《中华人民共和国植物新品种保护条例修订草案（征求意见稿）》的说明

《中华人民共和国植物新品种保护条例》（以下称《条例》）颁布 20 多年来，有效保护了植物育种者权益，促进了农作物品种创新。随着国内外种业的快速发展，现行植物新品种保护制度，存在促进原始创新不足、维权执法困难、保护范围狭窄等问题，不能完全适应中国全面开放新形势和现代种业发展新要求，急需加强顶层设计，推进现代种业更高水平发展。为激励原始创新，提升保护力度，我们于 2016 年启动《条例》修订工作，多次组织开展国内外调研，召开《条例》修订研讨会，并征求有关部门以及科研、教学、企业单位意见，形成《植物新品种保护条例修订草案（征求意见稿）》（以下称征求意见稿）。

一、《条例》修订的必要性和可行性

（一）《条例》修订是加快建设创新型国家的迫切需要。习近平总书记在十九大报告中指出：创新是引领发展的第一动力，是建设现代化经济体系的战略支撑，要加快建设创新型国家，建立以企业为主体、市场为导向、产学研深度融合的技术创新体系，强化知识产权创造、保护、运用。植物新品种保护是推动种业创新的根本保障，种业创新是加快建设创新型国家的重要内容。由于我国现行的植物新品种保护水平低，影响了种业创新发展，需要通过修订《条例》，建立更为严格的植物新品种保护制度，激励企业创新活力，推动种业创新水平提升。

（二）《条例》修订是加快推进农业现代化的迫切需要。农业的根本出路在于现代化，种业是农业现代化的芯片。农业现代化迫切需要适应机械化生产、高产优质、多抗广适的突破性新品种的创新。目前，我国大多数作物品种类型单一，不能满足农业现代化的需要。修订《条例》，保护育种者权益，鼓励原始创新，是加快突破性新品种选育，推进农业现代化的迫切要求。

（三）《条例》修订是贯彻落实新修订《种子法》的迫切需要。2015 年新修订的《种子法》提升了植物新品种保护的法律位阶，做出了加大保护力度的新规定。《条例》作为其配套规章制度，需要及时进行修改完善。

（四）当前已经具备《条例》修订的现实条件。经过 20 多年的发展，我国农业植物新品种保护工作取得长足发展，技术支撑体系不断完善，设立了 1 个农业植物新品种测试中心和 27 个分中心，制定了近 200 个测试技术指南和 16 种植物分子鉴定标准，为《条例》修订奠定了一定的技术基础。《种子法》修订前后，社会各界强烈要求加快修订《条例》，实施实质性派生品种（Essentially Derived Variety，EDV）制度，为《条例》修订提供良好的社会氛围。

二、《条例》修订主要内容

征求意见稿以原《条例》为基本框架，修改后共 9 章 68 条，新增"品种测试"1 章，保留原条款 5 条，修改 34 条，删除或归并入其他条款 7 条，新增 29 条。主要内容如下。

（一）多措并举，全面提高保护水平。一是建立实质性派生品种（EDV）制度，限制修饰性育种的商业行为，鼓励原始创新（征求意见稿第七条、第八条）。二是全面放开保护名录。将受保护植物的种类由目前的 138 种，扩大到所有的植物种类（征求意见稿第十四条）。三是拓展品种权的保护范围。将品种权的保护对象扩大至授权品种繁殖材料的收获物，甚至直接制成品；将保护链条延伸至植物生产、繁殖、销售涉及的全过程（征求意见稿第六条）。四是延长保护期限。将藤本或者木本植物保护期限由 20 年延长至 25 年，其他植物由 15 年延长至 20 年（征求意见稿第四十六条）。五是规范农民权利。为防止不法分子借助农民名义开展侵权行为，对农民自繁自用行为进行规范（征求意见稿第十三条），并对"农民"进行界定（征求意见稿第六十四条）。

（二）简政放权，提高审查质量和效率。一是取消三项行政审批，包括国有单位在境内转让申请权或者品种权需经有关行政主管部门批准、转让品种权或者申请权的登记（改为备案，征求意见稿第十一条）、中国的单位或者个人就其在境内培育的植物新品种向境外申请品种权登记（改为备案，征求意见稿第二十九条）。二是拓宽品种特异性、一致性和稳定性测试（DUS测试）渠道，鼓励申请人自主测试（征求意见稿第三十五条），同时对申请时已经提交DUS测试报告的，对其进行实质审查（征求意见稿第三十三条）。三是优化受理审查程序，缩短受理审查时间。将原初步审查内容提前至受理，初步审查期限上从6个月缩短为3个月（征求意见稿第二十五条）。四是开通网上便利通道。开通品种权申报系统，实行网上申请（征求意见稿第二十四条、第六十六条）；涉及品种权的备案管理实行网上办理，简化备案流程（征求意见稿第十一条、第二十九条、第三十条）；建立已知品种信息数据库，实行信息公开（征求意见稿第四十一条）；五是发挥生物技术在审查中的作用，对有明确关联基因的品种特异性状，逐步用分子测试代替田间种植测试，提高审查效率（征求意见稿第三十二条）。

（三）明确责任，加大监管力度。一是明确地方职责，要求县级以上地方农业、林业主管部门分别负责本行政区域内植物新品种保护工作（征求意见稿第三条）。二是增加禁止规定，对违反法律、法规，危害社会公共利益、生态环境的植物新品种，不授予品种权（征求意见稿第十四条）。三是建立审查员信息库，培养和稳定一批从事对品种权申请等进行审查的专业技术人员队伍（征求意见稿第三十条、第三十一条）。四是建立回避制度和追责机制，对复审委员会委员和审查员行为进行规范（征求意见稿第四十四条、第六十条、第六十一条）。五是规范申请人和品种权人的行为，完善新颖性、申请材料相关要求（征求意见稿第十五条、第十六条、第十七条、第二十四条），对不诚信等行为建立相应的处罚机制（征求意见稿第六十二条）。六是明确快速检测方法（征求意见稿第五十一条），完善侵犯和假冒品种权行为的认定（征求意见稿第五十二条、第五十四条）。七是加大维权执法力度和赔偿力度（征求意见稿第五十二条、第五十四条、第五十五条、第五十六条），完善举证妨碍制度（征求意见稿第五十三条）。八是规范网络服务行为（征求意见稿第五十九条），建立不知者豁免制度（征求意见稿第五十八条）。

此外，征求意见稿增加了"品种"、"已知品种"、"培育人"等相关定义（征求意见稿第六十四条），还对部分条款及文字作了修改。

三、关于实质性派生品种制度（EDV）的解释

建立EDV制度是国际上激励原始创新的通行做法，通过限制简单修饰性品种的商业开发来保护育种原始创新者的权利，鼓励原始创新。目前，我国品种存在同质化现象，原始创新积极性不足。特别是处于育种国际领先水平的杂交水稻、小麦等作物，亟需通过实施EDV制度来保护创新者的利益，引导企业加大育种研发投入，加快育成满足农业现代化需要的品种。经充分研究论证，相关部门及种业科研单位、种业企业已达成较为普遍共识，主张建立EDV制度。鉴于目前我国种业发展水平与世界种业强国之间还有一定差距，我们将根据作物不同发展状况，分类实施，稳步推进。

农作物种子生产经营许可管理办法

（中华人民共和国农业部令2016年第5号）

《农作物种子生产经营许可管理办法》已经农业部2016年第6次常务会议审议通过，自2016年8月15日起施行。

第一章　总则

第一条　为加强农作物种子生产经营许可管理，规范农作物种子生产经营秩序，根据《中华人民共和国种子法》，制定本办法。

第二条　农作物种子生产经营许可证的申请、审核、核发和监管，适用本办法。

第三条　县级以上人民政府农业主管部门按照职责分工，负责农作物种子生产经营许可证的受理、审核、核发和监管工作。

第四条　负责审核、核发农作物种子生产经营许可证的农业主管部门，应当将农作物种子生产经营许可证的办理条件、程序等在办公场所公开。

第五条　农业主管部门应当按照保障农业生产安全、提升农作物品种选育和种子生产经营水平、促进公平竞争、强化事中事后监管的原则，依法加强农作物种子生产经营许可管理。

第二章　申请条件

第六条　申请领取种子生产经营许可证的企业，应当具有与种子生产经营相适应的设施、设备、品种及人员，符合本办法规定的条件。

第七条　申请领取主要农作物常规种子或非主要农作物种子生产经营许可证的企业，应当具备以下条件：

（一）基本设施。生产经营主要农作物常规种子的，具有办公场所 150 平方米以上、检验室 100 平方米以上、加工厂房 500 平方米以上、仓库 500 平方米以上；生产经营非主要农作物种子的，具有办公场所 100 平方米以上、检验室 50 平方米以上、加工厂房 100 平方米以上、仓库 100 平方米以上。

（二）检验仪器。具有净度分析台、电子秤、样品粉碎机、烘箱、生物显微镜、电子天平、扦样器、分样器、发芽箱等检验仪器，满足种子质量常规检测需要。

（三）加工设备。具有与其规模相适应的种子加工、包装等设备。其中，生产经营主要农作物常规种子的，应当具有种子加工成套设备，生产经营常规小麦种子的，成套设备总加工能力 10 吨/小时以上；生产经营常规稻种子的，成套设备总加工能力 5 吨/小时以上；生产经营常规大豆种子的，成套设备总加工能力 3 吨/小时以上；生产经营常规棉花种子的，成套设备总加工能力 1 吨/小时以上。

（四）人员。具有种子生产、加工贮藏和检验专业技术人员各 2 名以上。

（五）品种。生产经营主要农作物常规种子的，生产经营的品种应当通过审定，并具有 1 个以上与申请作物类别相应的审定品种；生产经营登记作物种子的，应当具有 1 个以上的登记品种。生产经营授权品种种子的，应当征得品种权人的书面同意。

（六）生产环境。生产地点无检疫性有害生物，并具有种子生产的隔离和培育条件。

（七）农业部规定的其他条件。

第八条　申请领取主要农作物杂交种子及其亲本种子生产经营许可证的企业，应当具备以下条件：

（一）基本设施。具有办公场所 200 平方米以上、检验室 150 平方米以上、加工厂房 500 平方米以上、仓库 500 平方米以上。

（二）检验仪器。除具备本办法第七条第二项规定的条件外，还应当具有 PCR 扩增仪及产物检测配套设备、酸度计、高压灭菌锅、磁力搅拌器、恒温水浴锅、高速冷冻离心机、成套移液器等仪器设备,能够开展种子水分、净度、纯度、发芽率四项指标检测及品种分子鉴定。

(三)加工设备。具有种子加工成套设备,生产经营杂交玉米种子的,成套设备总加工能力10吨/小时以上;生产经营杂交稻种子的,成套设备总加工能力5吨/小时以上;生产经营其他主要农作物杂交种子的,成套设备总加工能力1吨/小时以上。

(四)人员。具有种子生产、加工贮藏和检验专业技术人员各5名以上。

(五)品种。生产经营的品种应当通过审定,并具有自育品种或作为第一选育人的审定品种1个以上,或者合作选育的审定品种2个以上,或者受让品种权的品种3个以上。生产经营授权品种种子的,应当征得品种权人的书面同意。

(六)具有本办法第七条第六项规定的条件。

(七)农业部规定的其他条件。

第九条 申请领取实行选育生产经营相结合、有效区域为全国的种子生产经营许可证的企业,应当具备以下条件:

(一)基本设施。具有办公场所500平方米以上,冷藏库200平方米以上。生产经营主要农作物种子或马铃薯种薯的,具有检验室300平方米以上;生产经营其他农作物种子的,具有检验室200平方米以上。生产经营杂交玉米、杂交稻、小麦种子或马铃薯种薯的,具有加工厂房1000平方米以上、仓库2000平方米以上;生产经营棉花、大豆种子的,具有加工厂房500平方米以上、仓库500平方米以上;生产经营其他农作物种子的,具有加工厂房200平方米以上、仓库500平方米以上。

(二)育种机构及测试网络。具有专门的育种机构和相应的育种材料,建有完整的科研育种档案。生产经营杂交玉米、杂交稻种子的,在全国不同生态区有测试点30个以上和相应的播种、收获、考种设施设备;生产经营其他农作物种子的,在全国不同生态区有测试点10个以上和相应的播种、收获、考种设施设备。

(三)育种基地。具有自有或租用(租期不少于5年)的科研育种基地。生产经营杂交玉米、杂交稻种子的,具有分布在不同生态区的育种基地5处以上、总面积200亩以上;生产经营其他农作物种子的,具有分布在不同生态区的育种基地3处以上、总面积100亩以上。

(四)科研投入。在申请之日前3年内,年均科研投入不低于年种子销售收入的5%,同时,生产经营杂交玉米种子的,年均科研投入不低于1500万元;生产经营杂交稻种子的,年均科研投入不低于800万元;生产经营其他种子的,年均科研投入不低于300万元。

(五)品种。生产经营主要农作物种子的,生产经营的品种应当通过审定,并具有相应作物的作为第一育种者的国家级审定品种3个以上,或者省级审定品种6个以上(至少包含3个省份审定通过),或者国家级审定品种2个和省级审定品种3个以上,或者国家级审定品种1个和省级审定品种5个以上。生产经营杂交稻种子同时生产经营常规稻种子的,除具有杂交稻要求的品种条件外,还应当具有常规稻的作为第一育种者的国家级审定品种1个以上或者省级审定品种3个以上。生产经营非主要农作物种子的,应当具有相应作物的以本企业名义单独申请获得植物新品种权的品种5个以上。生产经营授权品种种子的,应当征得品种权人的书面同意。

(六)生产规模。生产经营杂交玉米种子的,近3年年均种子生产面积2万亩以上;生产经营杂交稻种子的,近3年年均种子生产面积1万亩以上;生产经营其他农作物种子的,近3年年均种子生产的数量不低于该类作物100万亩的大田用种量。

(七)种子经营。具有健全的销售网络和售后服务体系。生产经营杂交玉米种子的,在申请之日前 3 年内至少有 1 年,杂交玉米种子销售额 2 亿元以上或占该类种子全国市场份额的 1% 以上;生产经营杂交稻种子的,在申请之日前 3 年内至少有 1 年,杂交稻种子销售额 1.2 亿元以上或占该类种子全国市场份额的 1% 以上;生产经营蔬菜种子的,在申请之日前 3 年内至少有 1 年,蔬菜种子销售额 8000 万元以上或占该类种子全国市场份额的 1% 以上;生产经营其他农作物种子的,在申请之日前 3 年内至少有 1 年,其种子销售额占该类种子全国市场份额的 1% 以上。

(八)种子加工。具有种子加工成套设备,生产经营杂交玉米、小麦种子的,总加工能力 20 吨/小时以上;生产经营杂交稻种子的,总加工能力 10 吨/小时以上(含窝眼清选设备);生产经营大豆种子的,总加工能力 5 吨/小时以上;生产经营其他农作物种子的,总加工能力 1 吨/小时以上。生产经营杂交玉米、杂交稻、小麦种子的,还应当具有相应的干燥设备。

(九)人员。生产经营杂交玉米、杂交稻种子的,具有本科以上学历或中级以上职称的专业育种人员 10 人以上;生产经营其他农作物种子的,具有本科以上学历或中级以上职称的专业育种人员 6 人以上。生产经营主要农作物种子的,具有专职的种子生产、加工贮藏和检验专业技术人员各 5 名以上;生产经营非主要农作物种子的,具有专职的种子生产、加工贮藏和检验专业技术人员各 3 名以上。

(十)具有本办法第七条第六项、第八条第二项规定的条件。

(十一)农业部规定的其他条件。

第十条 从事种子进出口业务的企业和外商投资企业申请领取种子生产经营许可证,除具备本办法规定的相应农作物种子生产经营许可证核发的条件外,还应当符合有关法律、行政法规规定的其他条件。

第十一条 申请领取种子生产经营许可证,应当提交以下材料:

(一)种子生产经营许可证申请表(式样见附件1);

(二)单位性质、股权结构等基本情况,公司章程、营业执照复印件,设立分支机构、委托生产种子、委托代销种子以及以购销方式销售种子等情况说明;

(三)种子生产、加工贮藏、检验专业技术人员的基本情况及其企业缴纳的社保证明复印件,企业法定代表人和高级管理人员名单及其种业从业简历;

(四)种子检验室、加工厂房、仓库和其他设施的自有产权或自有资产的证明材料;办公场所自有产权证明复印件或租赁合同;种子检验、加工等设备清单和购置发票复印件;相关设施设备的情况说明及实景照片;

(五)品种审定证书复印件;生产经营授权品种种子的,提交植物新品种权证书复印件及品种权人的书面同意证明;

(六)委托种子生产合同复印件或自行组织种子生产的情况说明和证明材料;

(七)种子生产地点检疫证明;

(八)农业部规定的其他材料。

第十二条 申请领取选育生产经营相结合、有效区域为全国的种子生产经营许可证,除提交本办法第十一条所规定的材料外,还应当提交以下材料:

(一)自有科研育种基地证明或租用科研育种基地的合同复印件;

(二)品种试验测试网络和测试点情况说明,以及相应的播种、收获、烘干等设备设施的自有产权证明复印件及实景照片;

(三)育种机构、科研投入及育种材料、科研活动等情况说明和证明材料,育种人员基本情况及其企业缴纳的社保证明复印件；

（四）近 3 年种子生产地点、面积和基地联系人等情况说明和证明材料；

（五）种子经营量、经营额及其市场份额的情况说明和证明材料；

（六）销售网络和售后服务体系的建设情况。

第三章　受理、审核与核发

第十三条　种子生产经营许可证实行分级审核、核发。

（一）从事主要农作物常规种子生产经营及非主要农作物种子经营的，其种子生产经营许可证由企业所在地县级以上地方农业主管部门核发；

（二）从事主要农作物杂交种子及其亲本种子生产经营以及实行选育生产经营相结合、有效区域为全国的种子企业，其种子生产经营许可证由企业所在地县级农业主管部门审核，省、自治区、直辖市农业主管部门核发；

（三）从事农作物种子进出口业务的，其种子生产经营许可证由企业所在地省、自治区、直辖市农业主管部门审核，农业部核发。

第十四条　农业主管部门对申请人提出的种子生产经营许可申请，应当根据下列情况分别作出处理：

（一）不需要取得种子生产经营许可的，应当即时告知申请人不受理；

（二）不属于本部门职权范围的，应当即时作出不予受理的决定，并告知申请人向有关部门申请；

（三）申请材料存在可以当场更正的错误的，应当允许申请人当场更正；

（四）申请材料不齐全或者不符合法定形式的，应当当场或者在 5 个工作日内一次告知申请人需要补正的全部内容，逾期不告知的，自收到申请材料之日起即为受理；

（五）申请材料齐全、符合法定形式，或者申请人按照要求提交全部补正申请材料的，应当予以受理。

第十五条　审核机关应当对申请人提交的材料进行审查，并对申请人的办公场所和种子加工、检验、仓储等设施设备进行实地考察，查验相关申请材料原件。

审核机关应当自受理申请之日起 20 个工作日内完成审核工作。具备本办法规定条件的，签署审核意见，上报核发机关；审核不予通过的，书面通知申请人并说明理由。

第十六条　核发机关应当自受理申请或收到审核意见之日起 20 个工作日内完成核发工作。核发机关认为有必要的，可以进行实地考察并查验原件。符合条件的，发给种子生产经营许可证并予公告；不符合条件的，书面通知申请人并说明理由。

选育生产经营相结合、有效区域为全国的种子生产经营许可证，核发机关应当在核发前在中国种业信息网公示 5 个工作日。

第四章　许可证管理

第十七条　种子生产经营许可证设主证、副证（式样见附件 2）。主证注明许可证编号、企业名称、统一社会信用代码、住所、法定代表人、生产经营范围、生产经营方式、有效区域、有效期至、发证机关、发证日期；副证注明生产种子的作物种类、种子类别、品种名称及审定（登记）编号、种子生产地点等内容。

（一）许可证编号为"__（xxxx）农种许字（xxxx）第 xxxx 号"。"__"上标注生产经营类型，

A 为实行选育生产经营相结合,B 为主要农作物杂交种子及其亲本种子,C 为其他主要农作物种子,D 为非主要农作物种子,E 为种子进出口,F 为外商投资企业;第一个括号内为发证机关所在地简称,格式为"省地县";第二个括号内为首次发证时的年号;"第 xxxx 号"为四位顺序号。

(二)生产经营范围按生产经营种子的作物名称填写,蔬菜、花卉、麻类按作物类别填写。

(三)生产经营方式按生产、加工、包装、批发、零售或进出口填写。

(四)有效区域。实行选育生产经营相结合的种子生产经营许可证的有效区域为全国。其他种子生产经营许可证的有效区域由发证机关在其管辖范围内确定。

(五)生产地点为种子生产所在地,主要农作物杂交种子标注至县级行政区域,其他作物标注至省级行政区域。

种子生产经营许可证加注许可信息代码。许可信息代码应当包括种子生产经营许可相关内容,由发证机关打印许可证书时自动生成。

第十八条 种子生产经营许可证载明的有效区域是指企业设立分支机构的区域。

种子生产地点不受种子生产经营许可证载明的有效区域限制,由发证机关根据申请人提交的种子生产合同复印件及无检疫性有害生物证明确定。

种子销售活动不受种子生产经营许可证载明的有效区域限制,但种子的终端销售地应当在品种审定、品种登记或标签标注的适宜区域内。

第十九条 种子生产经营许可证有效期为 5 年。

在有效期内变更主证载明事项的,应当向原发证机关申请变更并提交相应材料,原发证机关应当依法进行审查,办理变更手续。

在有效期内变更副证载明的生产种子的品种、地点等事项的,应当在播种 30 日前向原发证机关申请变更并提交相应材料,申请材料齐全且符合法定形式的,原发证机关应当当场予以变更登记。

种子生产经营许可证期满后继续从事种子生产经营的,企业应当在期满 6 个月前重新提出申请。

第二十条 在种子生产经营许可证有效期内,有下列情形之一的,发证机关应当注销许可证,并予以公告:

(一)企业停止生产经营活动 1 年以上的;

(二)企业不再具备本办法规定的许可条件,经限期整改仍达不到要求的。

第五章 监督检查

第二十一条 有下列情形之一的,不需要办理种子生产经营许可证:

(一)农民个人自繁自用常规种子有剩余,在当地集贸市场上出售、串换的;

(二)在种子生产经营许可证载明的有效区域设立分支机构的;

(三)专门经营不再分装的包装种子的;

(四)受具有种子生产经营许可证的企业书面委托生产、代销其种子的。

前款第一项所称农民,是指以家庭联产承包责任制的形式签订农村土地承包合同的农民;所称当地集贸市场,是指农民所在的乡(镇)区域。农民个人出售、串换的种子数量不应超过其家庭联产承包土地的年度用种量。违反本款规定出售、串换种子的,视为无证生产经营种子。

第二十二条 种子生产经营者在种子生产经营许可证载明有效区域设立的分支机构,应当在取得或变更分支机构营业执照后 15 个工作日内向当地县级农业主管部门备案。备案时应当提交分支机构的营业执照复印件、设立企业的种子生产经营许可证复印件以及分支机构名称、住所、负责人、联系方式等材料（式样见附件 3）。

第二十三条　专门经营不再分装的包装种子或者受具有种子生产经营许可证的企业书面委托代销其种子的，应当在种子销售前向当地县级农业主管部门备案，并建立种子销售台账。备案时应当提交种子销售者的营业执照复印件、种子购销凭证或委托代销合同复印件，以及种子销售者名称、住所、经营方式、负责人、联系方式、销售地点、品种名称、种子数量等材料（式样见附件 4）。种子销售台账应当如实记录销售种子的品种名称、种子数量、种子来源和种子去向。

第二十四条　受具有种子生产经营许可证的企业书面委托生产其种子的，应当在种子播种前向当地县级农业主管部门备案。备案时应当提交委托企业的种子生产经营许可证复印件、委托生产合同，以及种子生产者名称、住所、负责人、联系方式、品种名称、生产地点、生产面积等材料（式样见附件 5）。受托生产杂交玉米、杂交稻种子的，还应当提交与生产所在地农户、农民合作组织或村委会的生产协议。

第二十五条　种子生产经营者应当建立包括种子田间生产、加工包装、销售流通等环节形成的原始记载或凭证的种子生产经营档案，具体内容如下：

（一）田间生产方面：技术负责人，作物类别、品种名称、亲本（原种）名称、亲本（原种）来源，生产地点、生产面积、播种日期、隔离措施、产地检疫、收获日期、种子产量等。委托种子生产的，还应当包括种子委托生产合同。

（二）加工包装方面：技术负责人，品种名称、生产地点、加工时间、加工地点、包装规格、种子批次、标签标注，入库时间、种子数量、质量检验报告等。

（三）流通销售方面：经办人，种子销售对象姓名及地址、品种名称、包装规格、销售数量、销售时间、销售票据。批量购销的，还应包括种子购销合同。

种子生产经营者应当至少保存种子生产经营档案五年，确保档案记载信息连续、完整、真实，保证可追溯。档案材料含有复印件的，应当注明复印时间并经相关责任人签章。

第二十六条　种子生产经营者应当按批次保存所生产经营的种子样品，样品至少保存该类作物两个生产周期。

第二十七条　申请人故意隐瞒有关情况或者提供虚假材料申请种子生产经营许可证的，农业主管部门应当不予许可，并将申请人的不良行为记录在案，纳入征信系统。申请人在 1 年内不得再次申请种子生产经营许可证。

申请人以欺骗、贿赂等不正当手段取得种子生产经营许可证的，农业主管部门应当撤销种子生产经营许可证，并将申请人的不良行为记录在案，纳入征信系统。申请人在 3 年内不得再次申请种子生产经营许可证。

第二十八条　农业主管部门应当对种子生产经营行为进行监督检查，发现不符合本办法的违法行为，按照《中华人民共和国种子法》有关规定进行处理。

核发、撤销、吊销、注销种子生产经营许可证的有关信息，农业主管部门应当依法予以公布，并在中国种业信息网上及时更新信息。

对管理过程中获知的种子生产经营者的商业秘密，农业主管部门及其工作人员应当依法保密。

第二十九条　上级农业主管部门应当对下级农业主管部门的种子生产经营许可行为进行

监督检查。有下列情形的,责令改正,对直接负责的主管人员和其他直接责任人依法给予行政处分;构成犯罪的,依法移送司法机关追究刑事责任:

(一)未按核发权限发放种子生产经营许可证的;

(二)擅自降低核发标准发放种子生产经营许可证的;

(三)其他未依法核发种子生产经营许可证的。

第六章 附则

第三十条 本办法所称种子生产经营,是指种植、采收、干燥、清选、分级、包衣、包装、标识、贮藏、销售及进出口种子的活动;种子生产是指繁(制)种的种植、采收的田间活动。

第三十一条 本办法所称种子加工成套设备,是指主机和配套系统相互匹配并固定安装在加工厂房内,实现种子精选、包衣、计量和包装基本功能的加工系统。主机主要包括风筛清选机(风选部分应具有前后吸风道,双沉降室;筛选部分应具有三层以上筛片)、比重式清选机和电脑计量包装设备;配套系统主要包括输送系统、储存系统、除尘系统、除杂系统和电控系统。

第三十二条 本办法规定的科研育种、生产、加工、检验、贮藏等设施设备,应为申请企业自有产权或自有资产,或者为其绝对控股子公司的自有产权或自有资产。办公场所应在种子生产经营许可证核发机关所辖行政区域,可以租赁。对申请企业绝对控股子公司的自有品种可以视为申请企业的自有品种。申请企业的绝对控股子公司不可重复利用上述办证条件申请办理种子生产经营许可证。

第三十三条 本办法所称不再分装的包装种子,是指按有关规定和标准包装的、不再分拆的最小包装种子。分装种子的,应当取得种子生产经营许可证,保证种子包装的完整性,并对其所分装种子负责。

有性繁殖作物的籽粒、果实,包括颖果、荚果、蒴果、核果等以及马铃薯微型脱毒种薯应当包装。无性繁殖的器官和组织、种苗以及不宜包装的非籽粒种子可以不包装。

种子包装应当符合有关国家标准或者行业标准。

第三十四条 转基因农作物种子生产经营许可管理规定,由农业部另行制定。

第三十五条 申请领取鲜食、爆裂玉米的种子生产经营许可证的,按非主要农作物种子的许可条件办理。

第三十六条 生产经营无性繁殖的器官和组织、种苗、种薯以及不宜包装的非籽粒种子的,应当具有相适应的设施、设备、品种及人员,具体办法由省级农业主管部门制定,报农业部备案。

第三十七条 没有设立农业主管部门的行政区域,种子生产经营许可证由上级行政区域农业主管部门审核、核发。

第三十八条 种子生产经营许可证由农业部统一印制,相关表格格式由农业部统一制定。种子生产经营许可证的申请、受理、审核、核发和打印,以及种子生产经营备案管理,在中国种业信息网统一进行。

第三十九条 本办法自 2016 年 8 月 15 日起施行。农业部 2011 年 8 月 22 日公布、2015年 4 月 29 日修订的《农作物种子生产经营许可管理办法》(农业部令 2011 年第 3 号)和 2001年 2 月 26 日公布的《农作物商品种子加工包装规定》(农业部令第 50 号)同时废止。

本办法施行之日前已取得的农作物种子生产、经营许可证有效期不变,有效期在本办法公布之日至 2016 年 8 月 15 日届满的企业,其原有种子生产、经营许可证的有效期自动延展至 2016 年 12 月 31 日。

本办法施行之日前已取得农作物种子生产、经营许可证且在有效期内,申请变更许可证载明事项的,按本办法第十三条规定程序办理。

非主要农作物品种登记办法

(中华人民共和国农业部令 2017 年 第 1 号)

《非主要农作物品种登记办法》已经农业部 2017 年第 4 次常务会议审议通过,自 2017 年 5 月 1 日起施行。

第一章 总则

第一条 为了规范非主要农作物品种管理,科学、公正、及时地登记非主要农作物品种,根据《中华人民共和国种子法》(以下简称《种子法》),制定本办法。

第二条 在中华人民共和国境内的非主要农作物品种登记,适用本办法。

法律、行政法规和农业部规章对非主要农作物品种管理另有规定的,依照其规定。

第三条 本办法所称非主要农作物,是指稻、小麦、玉米、棉花、大豆五种主要农作物以外的其他农作物。

第四条 列入非主要农作物登记目录的品种,在推广前应当登记。

应当登记的农作物品种未经登记的,不得发布广告、推广,不得以登记品种的名义销售。

第五条 农业部主管全国非主要农作物品种登记工作,制定、调整非主要农作物登记目录和品种登记指南,建立全国非主要农作物品种登记信息平台(以下简称品种登记平台),具体工作由全国农业技术推广服务中心承担。

第六条 省级人民政府农业主管部门负责品种登记的具体实施和监督管理,受理品种登记申请,对申请者提交的申请文件进行书面审查。

省级以上人民政府农业主管部门应当采取有效措施,加强对已登记品种的监督检查,履行好对申请者和品种测试、试验机构的监管责任,保证消费安全和用种安全。

第七条 申请者申请品种登记,应当对申请文件和种子样品的合法性、真实性负责,保证可追溯,接受监督检查。给种子使用者和其他种子生产经营者造成损失的,依法承担赔偿责任。

第二章 申请、受理与审查

第八条 品种登记申请实行属地管理。一个品种只需要在一个省份申请登记。

第九条 两个以上申请者分别就同一个品种申请品种登记的,优先受理最先提出的申请;同时申请的,优先受理该品种育种者的申请。

第十条 申请者应当在品种登记平台上实名注册,可以通过品种登记平台提出登记申请,也可以向住所地的省级人民政府农业主管部门提出书面登记申请。

第十一条 在中国境内没有经常居所或者营业场所的境外机构、个人在境内申请品种登记的,应当委托具有法人资格的境内种子企业代理。

第十二条　申请登记的品种应当具备下列条件:

(一)人工选育或发现并经过改良;

(二)具备特异性、一致性、稳定性;

(三)具有符合《农业植物品种命名规定》的品种名称。

申请登记具有植物新品种权的品种,还应当经过品种权人的书面同意。

第十三条　对新培育的品种,申请者应当按照品种登记指南的要求提交以下材料:

(一)申请表;

(二)品种特性、育种过程等的说明材料;

(三)特异性、一致性、稳定性测试报告;

(四)种子、植株及果实等实物彩色照片;

(五)品种权人的书面同意材料;

(六)品种和申请材料合法性、真实性承诺书。

第十四条　本办法实施前已审定或者已销售种植的品种,申请者可以按照品种登记指南的要求,提交申请表、品种生产销售应用情况或者品种特异性、一致性、稳定性说明材料,申请品种登记。

第十五条　省级人民政府农业主管部门对申请者提交的材料,应当根据下列情况分别作出处理:

(一)申请品种不需要品种登记的,即时告知申请者不予受理;

(二)申请材料存在错误的,允许申请者当场更正;

(三)申请材料不齐全或者不符合法定形式的,应当当场或者在五个工作日内一次告知申请者需要补正的全部内容,逾期不告知的,自收到申请材料之日起即为受理;

(四)申请材料齐全、符合法定形式,或者申请者按照要求提交全部补正材料的,予以受理。

第十六条　省级人民政府农业主管部门自受理品种登记申请之日起二十个工作日内,对申请者提交的申请材料进行书面审查,符合要求的,将审查意见报农业部,并通知申请者提交种子样品。经审查不符合要求的,书面通知申请者并说明理由。

申请者应当在接到通知后按照品种登记指南要求提交种子样品;未按要求提供的,视为撤回申请。

第十七条　省级人民政府农业主管部门在二十个工作日内不能作出审查决定的,经本部门负责人批准,可以延长十个工作日,并将延长期限理由告知申请者。

第三章　登记与公告

第十八条　农业部自收到省级人民政府农业主管部门的审查意见之日起二十个工作日内进行复核。对符合规定并按规定提交种子样品的,予以登记,颁发登记证书;不予登记的,书面通知申请者并说明理由。

第十九条　登记证书内容包括:登记编号、作物种类、品种名称、申请者、育种者、品种来源、适宜种植区域及季节等。

第二十条　农业部将品种登记信息进行公告,公告内容包括:登记编号、作物种类、品种名称、申请者、育种者、品种来源、特征特性、品质、抗性、产量、栽培技术要点、适宜种植区域及季节等。

登记编号格式为：GPD＋作物种类＋(年号)＋2位数字的省份代号＋4位数字顺序号。

第二十一条　登记证书载明的品种名称为该品种的通用名称，禁止在生产、销售、推广过程中擅自更改。

第二十二条　已登记品种，申请者要求变更登记内容的，应当向原受理的省级人民政府农业主管部门提出变更申请，并提交相关证明材料。

原受理的省级人民政府农业主管部门对申请者提交的材料进行书面审查，符合要求的，报农业部予以变更并公告，不再提交种子样品。

第四章　监督管理

第二十三条　农业部推进品种登记平台建设，逐步实行网上办理登记申请与受理，在统一的政府信息发布平台上发布品种登记、变更、撤销、监督管理等信息。

第二十四条　农业部对省级人民政府农业主管部门开展品种登记工作情况进行监督检查，及时纠正违法行为，责令限期改正，对有关责任人员依法给予处分。

第二十五条　省级人民政府农业主管部门发现已登记品种存在申请文件、种子样品不实，或者已登记品种出现不可克服的严重缺陷等情形的，应当向农业部提出撤销该品种登记的意见。

农业部撤销品种登记的，应当公告，停止推广；对于登记品种申请文件、种子样品不实的，按照规定将申请者的违法信息记入社会诚信档案，向社会公布。

第二十六条　申请者在申请品种登记过程中有欺骗、贿赂等不正当行为的，三年内不受理其申请。

第二十七条　品种测试、试验机构伪造测试、试验数据或者出具虚假证明的，省级人民政府农业主管部门应当依照《种子法》第七十二条规定，责令改正，对单位处五万元以上十万元以下罚款，对直接负责的主管人员和其他直接责任人员处一万元以上五万元以下罚款；有违法所得的，并处没收违法所得；给种子使用者和其他种子生产经营者造成损失的，与种子生产经营者承担连带责任。情节严重的，依法取消品种测试、试验资格。

第二十八条　有下列行为之一的，由县级以上人民政府农业主管部门依照《种子法》第七十八条规定，责令停止违法行为，没收违法所得和种子，并处二万元以上二十万元以下罚款：

(一)对应当登记未经登记的农作物品种进行推广，或者以登记品种的名义进行销售的；

(二)对已撤销登记的农作物品种进行推广，或者以登记品种的名义进行销售的。

第二十九条　品种登记工作人员应当忠于职守，公正廉洁，对在登记过程中获知的申请者的商业秘密负有保密义务，不得擅自对外提供登记品种的种子样品或者谋取非法利益。不依法履行职责，弄虚作假、徇私舞弊的，依法给予处分；自处分决定作出之日起五年内不得从事品种登记工作。

第五章　附则

第三十条　品种适应性、抗性鉴定以及特异性、一致性、稳定性测试，申请者可以自行开展，也可以委托其他机构开展。

第三十一条　本办法自2017年5月1日起施行。

主要农作物品种审定办法

（中华人民共和国农业部令 2016 年第 4 号）

《主要农作物品种审定办法》已经农业部 2016 年第 6 次常务会议审议通过，自 2016 年 8 月 15 日起施行。

第一章　总则

第一条　为科学、公正、及时地审定主要农作物品种，根据《中华人民共和国种子法》（以下简称《种子法》），制定本办法。

第二条　在中华人民共和国境内的主要农作物品种审定，适用本办法。

第三条　本办法所称主要农作物，是指稻、小麦、玉米、棉花、大豆。

第四条　省级以上人民政府农业主管部门应当采取措施，加强品种审定工作监督管理。省级人民政府农业主管部门应当完善品种选育、审定工作的区域协作机制，促进优良品种的选育和推广。

第二章　品种审定委员会

第五条　农业部设立国家农作物品种审定委员会，负责国家级农作物品种审定工作。省级人民政府农业主管部门设立省级农作物品种审定委员会，负责省级农作物品种审定工作。

农作物品种审定委员会建立包括申请文件、品种审定试验数据、种子样品、审定意见和审定结论等内容的审定档案，保证可追溯。

第六条　品种审定委员会由科研、教学、生产、推广、管理、使用等方面的专业人员组成。委员应当具有高级专业技术职称或处级以上职务，年龄一般在 55 岁以下。每届任期 5 年，连任不得超过两届。

品种审定委员会设主任 1 名，副主任 2～5 名。

第七条　品种审定委员会设立办公室，负责品种审定委员会的日常工作，设主任 1 名，副主任 1～2 名。

第八条　品种审定委员会按作物种类设立专业委员会，各专业委员会由 9～23 人的单数组成，设主任 1 名，副主任 1～2 名。

省级品种审定委员会对本辖区种植面积小的主要农作物，可以合并设立专业委员会。

第九条　品种审定委员会设立主任委员会，由品种审定委员会主任和副主任、各专业委员会主任、办公室主任组成。

第三章　申请和受理

第十条　申请品种审定的单位、个人（以下简称申请者），可以直接向国家农作物品种审定委员会或省级农作物品种审定委员会提出申请。

在中国境内没有经常居所或者营业场所的境外机构和个人在境内申请品种审定的，应当委托具有法人资格的境内种子企业代理。

第十一条　申请者可以单独申请国家级审定或省级审定，也可以同时申请国家级审定和省级审定，还可以同时向几个省、自治区、直辖市申请审定。

第十二条　申请审定的品种应当具备下列条件：

（一）人工选育或发现并经过改良；

（二）与现有品种（已审定通过或本级品种审定委员会已受理的其他品种）有明显区别；

（三）形态特征和生物学特性一致；

（四）遗传性状稳定；

（五）具有符合《农业植物品种命名规定》的名称；

（六）已完成同一生态类型区 2 个生产周期以上、多点的品种比较试验。其中，申请国家级品种审定的，稻、小麦、玉米品种比较试验每年不少于 20 个点，棉花、大豆品种比较试验每年不少于 10 个点，或具备省级品种审定试验结果报告；申请省级品种审定的，品种比较试验每年不少于 5 个点。

第十三条　申请品种审定的，应当向品种审定委员会办公室提交以下材料：

（一）申请表，包括作物种类和品种名称，申请者名称、地址、邮政编码、联系人、电话号码、传真、国籍，品种选育的单位或者个人（以下简称育种者）等内容；

（二）品种选育报告，包括亲本组合以及杂交种的亲本血缘关系、选育方法、世代和特性描述；品种（含杂交种亲本）特征特性描述、标准图片，建议的试验区域和栽培要点；品种主要缺陷及应当注意的问题；

（三）品种比较试验报告，包括试验品种、承担单位、抗性表现、品质、产量结果及各试验点数据、汇总结果等；

（四）转基因检测报告；

（五）转基因棉花品种还应当提供农业转基因生物安全证书；

（六）品种和申请材料真实性承诺书。

第十四条　品种审定委员会办公室在收到申请材料 45 日内作出受理或不予受理的决定，并书面通知申请者。

对于符合本办法第十二条、第十三条规定的，应当受理，并通知申请者在 30 日内提供试验种子。对于提供试验种子的，由办公室安排品种试验。逾期不提供试验种子的，视为撤回申请。

对于不符合本办法第十二条、第十三条规定的，不予受理。申请者可以在接到通知后 30 日内陈述意见或者对申请材料予以修正，逾期未陈述意见或者修正的，视为撤回申请；修正后仍然不符合规定的，驳回申请。

第十五条　品种审定委员会办公室应当在申请者提供的试验种子中留取标准样品，交农业部植物品种标准样品库保存。

第四章　品种试验

第十六条　品种试验包括以下内容：

（一）区域试验；

（二）生产试验；

（三）品种特异性、一致性和稳定性测试（以下简称 DUS 测试）。

第十七条　国家级品种区域试验、生产试验由全国农业技术推广服务中心组织实施，省级品种区域试验、生产试验由省级种子管理机构组织实施。

品种试验组织实施单位应当充分听取品种审定申请人和专家意见，合理设置试验组别，优化试验点布局,科学制定试验实施方案,并向社会公布。

第十八条 区域试验应当对品种丰产性、稳产性、适应性、抗逆性等进行鉴定,并进行品质分析、DNA 指纹检测、转基因检测等。

每一个品种的区域试验,试验时间不少于两个生产周期,田间试验设计采用随机区组或间比法排列。同一生态类型区试验点,国家级不少于 10 个,省级不少于 5 个。

第十九条 生产试验在区域试验完成后,在同一生态类型区,按照当地主要生产方式,在接近大田生产条件下对品种的丰产性、稳产性、适应性、抗逆性等进一步验证。

每一个品种的生产试验点数量不少于区域试验点,每一个品种在一个试验点的种植面积不少于 300 平方米,不大于 3000 平方米,试验时间不少于一个生产周期。

第一个生产周期综合性状突出的品种,生产试验可与第二个生产周期的区域试验同步进行。

第二十条 区域试验、生产试验对照品种应当是同一生态类型区同期生产上推广应用的已审定品种,具备良好的代表性。

对照品种由品种试验组织实施单位提出,品种审定委员会相关专业委员会确认,并根据农业生产发展的需要适时更换。

省级农作物品种审定委员会应当将省级区域试验、生产试验对照品种报国家农作物品种审定委员会备案。

第二十一条 区域试验、生产试验、DUS 测试承担单位应当具备独立法人资格,具有稳定的试验用地、仪器设备、技术人员。

品种试验技术人员应当具有相关专业大专以上学历或中级以上专业技术职称、品种试验相关工作经历,并定期接受相关技术培训。

抗逆性鉴定由品种审定委员会指定的鉴定机构承担,品质检测、DNA 指纹检测、转基因检测由具有资质的检测机构承担。

品种试验、测试、鉴定承担单位与个人应当对数据的真实性负责。

第二十二条 品种试验组织实施单位应当会同品种审定委员会办公室,定期组织开展品种试验考察,检查试验质量、鉴评试验品种表现,并形成考察报告,对田间表现出严重缺陷的品种保留现场图片资料。

第二十三条 品种试验组织实施单位应当组织申请者代表参与区域试验、生产试验收获测产,测产数据由试验技术人员、试验承担单位负责人和申请者代表签字确认。

第二十四条 品种试验组织实施单位应当在每个生产周期结束后 45 日内召开品种试验总结会议。品种审定委员会专业委员会根据试验汇总结果、试验考察情况,确定品种是否终止试验、继续试验、提交审定,由品种审定委员会办公室将品种处理结果及时通知申请者。

第二十五条 申请者具备试验能力并且试验品种是自有品种的,可以按照下列要求自行开展品种试验:

(一)在国家级或省级品种区域试验基础上,自行开展生产试验;

(二)自有品种属于特殊用途品种的,自行开展区域试验、生产试验,生产试验可与第二个生产周期区域试验合并进行。特殊用途品种的范围、试验要求由同级品种审定委员会确定;

(三)申请者属于企业联合体、科企联合体和科研单位联合体的,组织开展相应区组的品种试验。联合体成员数量应当不少于 5 家,并且签订相关合作协议,按照同权同责原则,明确责任义务。一个法人单位在同一试验区组内只能参加一个试验联合体。

前款规定自行开展品种试验的实施方案应当在播种前 30 日内报国家级或省级品种试验组织实施单位，符合条件的纳入国家级或省级品种试验统一管理。

第二十六条　DUS 测试由申请者自主或委托农业部授权的测试机构开展，接受农业部科技发展中心指导。

申请者自主测试的，应当在播种前 30 日内，按照审定级别将测试方案报农业部科技发展中心或省级种子管理机构。农业部科技发展中心、省级种子管理机构分别对国家级审定、省级审定 DUS 测试过程进行监督检查，对样品和测试报告的真实性进行抽查验证。

DUS 测试所选择近似品种应当为特征特性最为相似的品种，DUS 测试依据相应主要农作物 DUS 测试指南进行。测试报告应当由法人代表或法人代表授权签字。

第二十七条　符合农业部规定条件、获得选育生产经营相结合许可证的种子企业（以下简称育繁推一体化种子企业），对其自主研发的主要农作物品种可以在相应生态区自行开展品种试验，完成试验程序后提交申请材料。

试验实施方案应当在播种前 30 日内报国家级或省级品种试验组织实施单位备案。

育繁推一体化种子企业应当建立包括品种选育过程、试验实施方案、试验原始数据等相关信息的档案，并对试验数据的真实性负责，保证可追溯，接受省级以上人民政府农业主管部门和社会的监督。

第五章　审定与公告

第二十八条　对于完成试验程序的品种，申请者、品种试验组织实施单位、育繁推一体化种子企业应当在 2 月底和 9 月底前分别将稻、玉米、棉花、大豆品种和小麦品种各试验点数据、汇总结果、DUS 测试报告提交品种审定委员会办公室。

品种审定委员会办公室在 30 日内提交品种审定委员会相关专业委员会初审，专业委员会应当在 30 日内完成初审。

第二十九条　初审品种时，各专业委员会应当召开全体会议，到会委员达到该专业委员会委员总数三分之二以上的，会议有效。对品种的初审，根据审定标准，采用无记名投票表决，赞成票数达到该专业委员会委员总数二分之一以上的品种，通过初审。

专业委员会对育繁推一体化种子企业提交的品种试验数据等材料进行审核，达到审定标准的，通过初审。

第三十条　初审实行回避制度。专业委员会主任的回避，由品种审定委员会办公室决定；其他委员的回避，由专业委员会主任决定。

第三十一条　初审通过的品种，由品种审定委员会办公室在 30 日内将初审意见及各试点试验数据、汇总结果，在同级农业主管部门官方网站公示，公示期不少于 30 日。

第三十二条　公示期满后，品种审定委员会办公室应当将初审意见、公示结果，提交品种审定委员会主任委员会审核。主任委员会应当在 30 日内完成审核。审核同意的，通过审定。

育繁推一体化种子企业自行开展自主研发品种试验，品种通过审定后，将品种标准样品提交至农业部植物品种标准样品库保存。

第三十三条　审定通过的品种，由品种审定委员会编号、颁发证书，同级农业主管部门公告。

省级审定的农作物品种在公告前，应当由省级人民政府农业主管部门将品种名称等信息报农业部公示，公示期为 15 个工作日。

第三十四条　审定编号为审定委员会简称、作物种类简称、年号、序号,其中序号为四位数。

第三十五条　审定公告内容包括:审定编号、品种名称、申请者、育种者、品种来源、形态特征、生育期、产量、品质、抗逆性、栽培技术要点、适宜种植区域及注意事项等。

省级品种审定公告,应当在发布后30日内报国家农作物品种审定委员会备案。

审定公告公布的品种名称为该品种的通用名称。禁止在生产、经营、推广过程中擅自更改该品种的通用名称。

第三十六条　审定证书内容包括:审定编号、品种名称、申请者、育种者、品种来源、审定意见、公告号、证书编号。

第三十七条　审定未通过的品种,由品种审定委员会办公室在30日内书面通知申请者。申请者对审定结果有异议的,可以自接到通知之日起30日内,向原品种审定委员会或者国家级品种审定委员会申请复审。品种审定委员会应当在下一次审定会议期间对复审理由、原审定文件和原审定程序进行复审。对病虫害鉴定结果提出异议的,品种审定委员会认为有必要的,安排其他单位再次鉴定。

品种审定委员会办公室应当在复审后30日内将复审结果书面通知申请者。

第三十八条　品种审定标准,由同级农作物品种审定委员会制定。审定标准应当有利于产量、品质、抗性等的提高与协调,有利于适应市场和生活消费需要的品种的推广。

省级品种审定标准,应当在发布后30日内报国家农作物品种审定委员会备案。

制定品种审定标准,应当公开征求意见。

第六章　引种备案

第三十九条　省级人民政府农业主管部门应当建立同一适宜生态区省际间品种试验数据共享互认机制,开展引种备案。

第四十条　通过省级审定的品种,其他省、自治区、直辖市属于同一适宜生态区的地域引种的,引种者应当报所在省、自治区、直辖市人民政府农业主管部门备案。

备案时,引种者应当填写引种备案表,包括作物种类、品种名称、引种者名称、联系方式、审定品种适宜种植区域、拟引种区域等信息。

第四十一条　引种者应当在拟引种区域开展不少于1年的适应性、抗病性试验,对品种的真实性、安全性和适应性负责。具有植物新品种权的品种,还应当经过品种权人的同意。

第四十二条　省、自治区、直辖市人民政府农业主管部门及时发布引种备案公告,公告内容包括品种名称、引种者、育种者、审定编号、引种适宜种植区域等内容。公告号格式为:(X)引种〔X〕第 X 号,其中,第一个"X"为省、自治区、直辖市简称,第二个"X"为年号,第三个"X"为序号。

第四十三条　国家审定品种同一适宜生态区,由国家农作物品种审定委员会确定。省级审定品种同一适宜生态区,由省级农作物品种审定委员会依据国家农作物品种审定委员会确定的同一适宜生态区具体确定。

第七章　撤销审定

第四十四条　审定通过的品种,有下列情形之一的,应当撤销审定:

(一)在使用过程中出现不可克服严重缺陷的;

（二）种性严重退化或失去生产利用价值的；

（三）未按要求提供品种标准样品或者标准样品不真实的；

（四）以欺骗、伪造试验数据等不正当方式通过审定的。

第四十五条　拟撤销审定的品种，由品种审定委员会办公室在书面征求品种审定申请者意见后提出建议，经专业委员会初审后，在同级农业主管部门官方网站公示，公示期不少于30日。

公示期满后，品种审定委员会办公室应当将初审意见、公示结果，提交品种审定委员会主任委员会审核，主任委员会应当在30日内完成审核。审核同意撤销审定的，由同级农业主管部门予以公告。

第四十六条　公告撤销审定的品种，自撤销审定公告发布之日起停止生产、广告，自撤销审定公告发布一个生产周期后停止推广、销售。品种审定委员会认为有必要的，可以决定自撤销审定公告发布之日起停止推广、销售。

省级品种撤销审定公告，应当在发布后30日内报国家农作物品种审定委员会备案。

第八章　监督管理

第四十七条　农业部建立全国农作物品种审定数据信息系统，实现国家和省两级品种审定网上申请、受理，品种试验数据、审定通过品种、撤销审定品种、引种备案品种、标准样品等信息互联共享，审定证书网上统一打印。审定证书格式由国家农作物品种审定委员会统一制定。

省级以上人民政府农业主管部门应当在统一的政府信息发布平台上发布品种审定、撤销审定、引种备案、监督管理等信息，接受监督。

第四十八条　品种试验、审定单位及工作人员，对在试验、审定过程中获知的申请者的商业秘密负有保密义务，不得对外提供申请品种审定的种子或者谋取非法利益。

第四十九条　品种审定委员会委员和工作人员应当忠于职守，公正廉洁。品种审定委员会委员、工作人员不依法履行职责，弄虚作假、徇私舞弊的，依法给予处分；自处分决定作出之日起五年内不得从事品种审定工作。

第五十条　申请者在申请品种审定过程中有欺骗、贿赂等不正当行为的，三年内不受理其申请。

联合体成员单位弄虚作假的，终止联合体品种试验审定程序；弄虚作假成员单位三年内不得申请品种审定，不得再参加联合体试验；其他成员单位应当承担连带责任，三年内不得参加其他联合体试验。

第五十一条　品种测试、试验、鉴定机构伪造试验数据或者出具虚假证明的，按照《种子法》第七十二条及有关法律行政法规的规定进行处罚。

第五十二条　育繁推一体化种子企业自行开展品种试验和申请审定有造假行为的，由省级以上人民政府农业主管部门处一百万元以上五百万元以下罚款；不得再自行开展品种试验；给种子使用者和其他种子生产经营者造成损失的，依法承担赔偿责任。

第五十三条　农业部对省级人民政府农业主管部门的品种审定工作进行监督检查，未依法开展品种审定、引种备案、撤销审定的，责令限期改正，依法给予处分。

第五十四条　违反本办法规定，构成犯罪的，依法追究刑事责任。

第九章　附则

第五十五条　农作物品种审定所需工作经费和品种试验经费,列入同级农业主管部门财政专项经费预算。

第五十六条　转基因农作物(不含转基因棉花)品种审定办法另行制定。

第五十七条　育繁推一体化企业自行开展试验的品种和联合体组织开展试验的品种,不再参加国家级和省级试验组织实施单位组织的相应区组品种试验。

第五十八条　本办法自 2016 年 8 月 15 日起施行,农业部 2013 年 12 月 27 日公布的《主要农作物品种审定办法》(农业部令 2013 年第 4 号)和 2001 年 2 月 26 日公布的《主要农作物范围规定》(农业部令第 51 号)同时废止。

主要农作物品种审定标准(国家级)

稻

1 基本条件

1.1 抗性(病、虫、冷、热)

每年南方稻区(不含武陵山区)品种稻瘟病综合抗性指数年度≤6.5,同时,长江上游稻区品种穗瘟损失率最高级≤7 级;每年武陵山稻区品种稻瘟病综合抗性指数≤5,穗瘟损失率最高级≤5 级;每年北方稻区品种稻瘟病综合抗性指数≤5,穗瘟损失率最高级≤5 级。且稻瘟病抗性(稻瘟损失率最高级)不低于对照。南方稻区的单季晚粳品种、北方稻区的黄淮海粳稻、京津唐粳稻品种的条纹叶枯病抗性最高级≤5 级。除达到上述要求外,不同稻区还应对以下抗逆性状进行鉴定。

南方华南稻区:白叶枯病、白背飞虱(早籼)、褐飞虱(晚籼)。

南方长江上游稻区:褐飞虱、耐冷性、耐热性。

南方长江中下游稻区:白叶枯病、条纹叶枯病(晚粳)、白背飞虱(早籼)、褐飞虱(不含早籼)、耐冷性(晚籼)、耐热性(中籼)。

南方武陵山区:耐冷性。

北方早粳区:耐冷性。

北方华北中粳区:条纹叶枯病。

1.2 生育期

不超过安全生产和耕作制度允许范围。长江中下游早籼早中熟和晚籼早熟品种全生育期不长于对照品种,其他类型早籼和晚籼品种全生育期不长于对照品种 3.0 天;长江上游中籼、长江中下游单季晚粳、华南晚籼和黄淮海中熟中粳、东北中熟早粳品种全生育期不长于对照品种 5.0 天;其他类型品种全生育期不长于对照品种 7.0 天。当国家区试对照品种进行更换时,由稻专业委员会对相应生育期指标作出调整。

1.3 结实率

中稻品种年度结实率<70%的区域试验点≤3 个,晚稻品种年度结实率<65%的区域试验点≤3 个。

1.4 旱稻品种抗旱性

抗旱级别≤5 级。

2 分类品种条件

2.1 高产稳产品种

审定品种与对照同为常规稻或杂交稻，与对照同等级品质，每年区域试验产量比同类型对照品种增产≥3.0%，生产试验产量比对照品种增产≥1.0%，每年区域试验增产、生产试验≥0.0%，试验点比例均≥65%。或比对照品质差的品种，每年区域试验产量比对照品种增产≥5.0%，生产试验产量比对照品种增产≥2.0%，每年区域试验、生产试验增产点比例≥75%。

杂交稻作对照品种的常规稻品种，每年区域试验及生产试验产量比照第一款，比对照品种增产幅度相应降低3个百分点。

常规稻作对照品种的杂交稻品种，每年区域试验产量比照第一款，比对照品种增产幅度相应增加2个百分点。

2.2 绿色优质品种

2.2.1 抗病品种：南方稻区稻瘟病抗性达到中抗以上，且华南稻区白叶枯病抗性达到中抗以上；武陵山区稻区稻瘟病抗性达到抗以上；北方稻区粳稻和南方稻区粳稻稻瘟病抗性达到抗以上，同时条纹叶枯病达到抗以上。

2.2.2 抗虫品种：早籼对白背飞虱达到中抗以上水平，中籼及晚籼、晚粳对褐飞虱达到中抗以上水平，且优于对照品种一个级别以上。

2.2.3 优质品种：品种品质达到部颁标准2级及以上。

2.2.4 轻简化栽培品种：机械插秧品种，抗倒伏程度≤3级，长江中下游双季早稻、双季晚稻全生育期≤108天，双季晚稻每年区域试验结实率平均不低于对照。直播品种：抗倒伏程度≤3级，长江中下游双季早稻、双季晚稻全生育期≤108天，芽期耐低氧发芽（淹水条件下成秧率≥80%）、发芽率≥90%，双季早稻苗期耐寒；双季晚稻每年区域试验结实率平均不低于对照。

2.3 特殊类型品种

糯稻品种：支链淀粉含量≥98%。

小麦

1 基本条件

1.1 抗病性

长江上游冬麦区条锈病未达到高感，长江中下游冬麦区赤霉病未达到高感，东北春麦早熟区秆锈病未达到高感，东北春麦晚熟区秆锈病中抗（含）以上。黄淮冬麦区南片水地品种、黄淮冬麦区北片水地品种、北部冬麦区品种、西北春麦区水地品种，对鉴定病害未达到全部高感。除达到上述要求外，不同麦区还应对以下抗逆性状进行鉴定。

长江上游麦区冬麦品种：白粉病、赤霉病和叶锈病。

长江中下游麦区冬麦品种：条锈病、叶锈病、白粉病、纹枯病和黄花叶病毒病。

黄淮冬麦区南片水地品种：条锈病、叶锈病、赤霉病、白粉病和纹枯病。

黄淮冬麦区北片水地品种：条锈病、叶锈病、赤霉病、白粉病和纹枯病，抗寒性。

黄淮冬麦区旱肥地品种、旱薄地品种：条锈病、叶锈病、白粉病和黄矮病，抗旱性，抗寒性。

北部冬麦区水地品种：白粉病、条锈病和叶锈病，抗寒性。

北部冬麦区旱地品种：白粉病、条锈病、叶锈病和黄矮病，抗旱性，抗寒性。

东北春麦区早熟品种：叶锈病和白粉病。

东北春麦区晚熟品种:叶锈病、白粉病、赤霉病和根腐病。

西北春麦区水地品种:条锈病、叶锈病、白粉病、黄矮病、赤霉病。

西北春麦区旱地品种:条锈病、叶锈病、白粉病、黄矮病,抗旱性。

1.2 抗倒伏性

每年区域试验倒伏程度≤3级,或倒伏面积≤40.0%的试验点比例≥70%。

1.3 生育期

不超过安全生产和耕作制度允许范围的品种。

1.4 抗寒性

北部冬麦区和黄淮北片麦区抗寒性鉴定,或试验田间表现,越冬死茎率≤20.0%或不超过对照的品种。

1.5 品质

分强筋、中强筋、中筋和弱筋四类,各项品质指标要求都可以满足强筋的为强筋小麦;其中任何一个指标达不到强筋的要求,但可以满足中强筋的为中强筋小麦;其中任何一个指标达不到中强筋的要求,但可以满足中筋的为中筋小麦;达不到弱筋要求的也为中筋小麦。

2 分类品种条件

2.1 高产稳产品种

审定品种与对照同为常规品种或杂交品种且同等级品质,两年区域试验平均产量比对照增产≥3.0%,且每年增产≥2.0%,生产试验比对照增产≥1%;每年区域试验增产≥2.0%、生产试验不减产试验点比例≥60%。

申请审定品种为杂交中筋品种,对照品种为常规中筋品种,每年区域试验、生产试验产量比对照增产≥5%,每年区域试验、生产试验增产≥5%的试验点比例≥60%。

2.2 绿色优质品种

2.2.1 抗赤霉病品种:抗性鉴定结果长江中下游冬麦区为抗及以上、黄淮冬麦区中抗及以上的品种。

2.2.2 节水品种:节水指数大于0.8且节水试验每年区域试验、生产试验产量比对照增产,每年区域试验、生产试验增产试验点比例≥60%的品种。

2.2.3 节肥品种:在比常规施肥量减少20%以上试验条件下每年区域试验、生产试验产量比对照增产,每年区域试验、生产试验增产试验点比例≥60%的品种。

2.2.4 抗旱品种:抗旱性鉴定等级为2级以上的品种。

2.2.5 抗穗发芽品种:白皮小麦抗穗发芽性检测(小麦抗穗发芽性的检测方法NY/T1739-2009)结果达到抗以上级别的品种。

2.2.6 早熟品种:长江中下游麦区、北部冬麦区和黄淮冬麦区比对照品种平均早熟2天(含)以上的品种,两年区域试验平均产量与对照产量相当的品种。

2.2.7 优质品种:满足下述各项相关指标要求的强筋、中强筋和弱筋小麦为优质品种。

强筋小麦:粗蛋白质含量(干基)≥14.0%、湿面筋含量(14%水分基)≥30.5%、吸水率≥60%、稳定时间≥10.0分钟、最大拉伸阻力Rm.E.U.(参考值)≥450、拉伸面积≥100 cm²,其中有一项指标不满足,但可以满足中强筋的降为中强筋小麦。

中强筋小麦:粗蛋白质含量(干基)≥13.0%、湿面筋含量(14%水分基)≥28.5%、吸水率≥58%、稳定时间≥7.0分钟、最大拉伸阻力Rm.E.U.(参考值)≥350、拉伸面积≥80 cm²,其中有一项指标不满足,但可以满足中筋的降为中筋小麦。

中筋小麦：粗蛋白质含量（干基）≥12.0％、湿面筋含量（14％水分基）≥24.0％、吸水率≥55％、稳定时间≥3.0分钟、最大拉伸阻力 Rm.E.U.（参考值）≥200、拉伸面积≥50 cm²。

弱筋小麦：粗蛋白质含量（干基）＜12.0％、湿面筋含量（14％水分基）＜24.0％、吸水率＜55％、稳定时间＜3.0分钟。

2.3 特殊类型品种

2.3.1 糯小麦：支链淀粉含量≥98％。

2.3.2 彩色小麦：除白色、黄色、红色之外的其他籽粒颜色。

玉米

1 基本条件

1.1 抗病性

1.1.1 籽粒用玉米品种

东华北中晚熟春玉米类型区、东华北中熟春玉米类型区、东华北中早熟春玉米类型区、北方早熟春玉米类型区、北方极早熟春玉米类型区：大斑病、茎腐病田间自然发病和人工接种鉴定均未达到高感。穗腐病田间自然发病及人工接种鉴定未同时达到高感。

西北春玉米类型区：茎腐病田间自然发病和人工接种鉴定均未达到高感。穗腐病田间自然发病及人工接种鉴定未同时达到高感。

黄淮海夏玉米类型区、京津冀早熟夏玉米类型区：小斑病、茎腐病田间自然发病和人工接种鉴定均未达到高感。穗腐病田间自然发病及人工接种鉴定未同时达到高感。

西南春玉米类型区、热带亚热带玉米类型区：纹枯病、茎腐病、大斑病、穗腐病田间自然发病和人工接种鉴定均未达到高感。

东南春玉米类型区：纹枯病、茎腐病、南方锈病田间自然发病和人工接种鉴定均未达到高感。穗腐病田间自然发病及人工接种鉴定未同时达到高感。

除达到上述要求外，不同玉米区品种还应对以下抗病性进行鉴定。

东华北中晚熟春玉米类型区、东华北中熟春玉米类型区、东华北中早熟春玉米类型区、北方早熟春玉米类型区、北方极早熟春玉米类型区：丝黑穗病、灰斑病。

西北春玉米类型区：大斑病、丝黑穗病。

黄淮海夏玉米类型区、京津冀早熟夏玉米类型区：弯孢叶斑病、瘤黑粉病。

西南春玉米类型区、热带亚热带玉米类型区：灰斑病、小斑病、南方锈病。

东南春玉米类型区：小斑病。

1.1.2 青贮玉米品种

东华北中晚熟春玉米类型区、东华北中熟春玉米类型区、东华北中早熟春玉米类型区、北方早熟春玉米类型区、北方极早熟春玉米类型区、西北春玉米类型区：大斑病、茎腐病田间自然发病和人工接种鉴定均未达到高感。

黄淮海夏玉米类型区、京津冀早熟夏玉米类型区：小斑病、茎腐病、弯孢叶斑病、南方锈病田间自然发病和人工接种鉴定均未达到高感。

西南春玉米类型区、热带亚热带玉米类型区、东南玉米类型区：纹枯病、大斑病、小斑病、茎腐病田间自然发病和人工接种均未达到高感。

除达到上述要求外，不同玉米区品种还应对以下抗病性进行鉴定。

东华北中晚熟春玉米类型区、东华北中熟春玉米类型区、东华北中早熟春玉米类型区、北方早熟春玉米类型区、北方极早熟春玉米类型区:丝黑穗病、灰斑病。

西北春玉米类型区:丝黑穗病。

黄淮海夏玉米类型区、京津冀早熟夏玉米类型区:瘤黑粉病。

西南春玉米类型区、热带亚热带玉米类型区、东南春玉米类型区:灰斑病、南方锈病。

1.1.3 鲜食甜玉米品种、糯玉米品种

北方鲜食玉米类型区:瘤黑粉、丝黑穗病、大斑病田间自然发病未达到高感。

黄淮海鲜食玉米类型区:瘤黑粉、丝黑穗病、矮花叶病、小斑病田间自然发病未达到高感。

西南鲜食玉米类型区:瘤黑粉、丝黑穗病、小斑病、纹枯病田间自然发病未达到高感。

东南鲜食玉米类型区:瘤黑粉、丝黑穗病、小斑病、南方锈病、纹枯病田间自然发病未达到高感。

1.1.4 爆裂玉米品种

茎腐病、穗腐病田间自然发病和人工接种鉴定均未达到高感。

除达到上述要求外,还应对以下抗逆性状进行鉴定:丝黑穗病、瘤黑粉病。

1.2 生育期

东华北中晚熟春玉米类型区、黄淮海夏玉米类型区、京津冀早熟夏玉米类型区:每年区域试验生育期平均比对照品种不长于 1.0 天,或收获时的水分不高于对照。

东华北中熟春玉米类型区、东华北中早熟春玉米类型区、北方早熟春玉米类型区、北方极早熟春玉米类型区、西北春玉米类型区:每年区域试验生育期平均比对照品种不长于 2.0 天,或收获时的水分不高于对照。

当国家区试对照品种进行更换时,由玉米专业委员会对相应生育期指标作出调整。

1.3 抗倒伏性

每年区域试验、生产试验倒伏倒折率之和平均分别≤8.0%,且倒伏倒折率之和≥10.0%的试验点比例不超过 20%。

1.4 品质

普通玉米品种籽粒容重≥730 克/升,粗淀粉含量(干基)≥69.0%,粗蛋白质含量(干基)≥8.0%,粗脂肪含量(干基)≥3.0%。

2 分类品种条件

2.1 高产稳产品种

区域试验产量比对照品种平均增产≥3.0%,且每年增产≥2.0%,生产试验比对照品种增产≥1.0%。每年区域试验、生产试验增产的试验点比例≥60%。

2.2 绿色优质品种

2.2.1 抗病品种:田间自然发病和人工接种鉴定所在区域鉴定病害均达到中抗及以上。

2.2.2 适宜机械化收获籽粒品种:符合以下条件之一的品种。

含水量低:东北中熟组适收期籽粒含水量≤25%,黄淮海夏播组适收期籽粒含水量≤28%,且每年区域试验、生产试验籽粒含水量达标的试验点占全部试验点比例≥60%。区域试验、生产试验倒伏倒折率之和≤5.0%,且每年区域试验、生产试验抗倒性达标的试验点占全部试验点比例≥70%。区域试验和生产试验产量与对照相当,且每年区域试验、生产试验籽粒产量达标的试验点占全部试验点比例≥50%。

抗倒伏:每年区域试验、生产试验倒伏倒折率之和≤5.0%的试验点占全部试验点比例≥90%。东北中熟组适收期籽粒含水量≤28%,黄淮海夏播组适收期籽粒含水量≤30%,且每

年区域试验、生产试验籽粒含水量达标的试验点占全部试验点比例≥50％。区域试验、生产试验产量与对照相当，且每年区域试验、生产试验产量达标的试验点占全部试验点比例≥50％。

高产：每年区域试验、生产试验产量比对照增产≥3.0％，每年区域试验、生产试验增产试验点比例≥50％。东北中熟组和黄淮海夏播组适收期籽粒含水量≤30％，且每年区域试验、生产试验籽粒含水量达标的试验点占全部试验点比例≥50％。区域试验、生产试验倒伏倒折率之和≤5.0％，且每年区域试验、生产试验抗倒性达标的试验点占全部试验点比例≥70％。

抗倒伏、含水量低：区域试验、生产试验倒伏倒折率之和≤5.0％，且每年区域试验、生产试验抗倒性达标的试验点占全部试验点比例≥90％。东北中熟组适收期籽粒含水量≤25％。黄淮海夏播组适收期籽粒含水量≤28％，每年区域试验、生产试验籽粒含水量达标的试验点占全部试验点比例≥90％。

2.3 特殊类型品种

2.3.1 糯玉米（干籽粒）、高油、高赖氨酸（优质蛋白玉米，QPM）

抗倒性。每年区域试验、生产试验倒伏倒折率之和≤10.0％。

品质。糯玉米（干籽粒）：粗淀粉含量（干基）≥69.0％，支链淀粉（干基）占粗淀粉总量比率≥97.0％。高油玉米：粗脂肪（干基）含量≥7.5％。高赖氨酸玉米：赖氨酸（干基）含量≥0.4％。

2.3.2 青贮玉米（不包括粮饲兼用）

生物产量。收获时的鲜物质产量（公斤/亩），干物质含量（％），或其他衡量指标。

生育期。以同一生态类型区大面积推广的青贮玉米品种或国家（省）区域试验的普通玉米对照品种为对照，普通玉米对照品种黑层出现时，参试品种的乳线位置应≥1/2。

品质。整株粗蛋白含量≥7.0％，中性洗涤纤维含量≤45％，酸性洗涤纤维含量≤23％，淀粉含量≥25％；持绿性，收获期全株保持绿色的叶片所占比例（％）。

抗倒性。每年区域试验、生产试验倒伏倒折率之和平均≤8.0％，且倒伏倒折率之和大于等于10.0％的试验点比例≤20％；或每年倒伏倒折率之和平均不高于对照。

2.3.3 鲜食甜玉米品种、鲜食糯玉米品种

品质。外观品质和蒸煮品质评分。鲜食甜玉米品种：鲜样品可溶性总糖含量。鲜食糯玉米品种：直链淀粉（干基）占粗淀粉总量比率。甜加糯型（同一果穗上同时存在甜和糯两种类型籽粒，属糯玉米中的一种特殊类型）：直链淀粉（干基）占粗淀粉总量比率。

抗倒性。每年平均倒伏倒折率之和≤15.0％。

产量。鲜果穗产量（公斤/亩）。

2.3.4 爆裂玉米品种

品质。膨化倍数，爆花率，籽粒颜色。

抗倒性。每年平均倒伏倒折率之和≤10％。

大豆

1 基本条件

1.1 抗病性

大豆花叶病毒病抗性：人工接种鉴定，对弱致病优势株系抗性级别达到中感及以上，对强致病优势株系抗性级别达到感及以上。

大豆灰斑病抗性：人工接种鉴定，北方春大豆区的早熟和中早熟品种，对优势生理小种抗

性级别达到中感及以上。

大豆炭疽病抗性：人工接种鉴定，长江流域春大豆、热带亚热带春大豆、菜用品种抗性级别达到感及以上。

1.2 生育期

两年区域试验生育期平均结果，北方春大豆区比对照品种晚熟≤4.0天，黄淮海夏大豆区比对照品种晚熟≤7.0天，长江流域及以南地区比对照品种晚熟≤10.0天。

1.3 品质

北方春大豆区报审品种两年区域试验平均粗脂肪和粗蛋白质含量之和≥58.0%；其他区组两年区域试验平均粗脂肪和粗蛋白质含量之和≥59.0%。

2 分类品种条件

2.1 高产稳产品种

申请审定品种与对照同为常规品种或杂交品种时，两年区域试验平均产量比相应对照增产≥3.0%，且每年增产≥2.0%，生产试验平均产量比相应对照增产≥1.0%。每年区域试验、生产试验增产试验点比例≥60%。

申请审定品种为杂交品种而对照为常规品种时，两年区域试验平均产量比对照增产≥8.0%，且每年增产≥5.0%，生产试验平均产量比常规品种对照增产≥5.0%。每年区域试验、生产试验增产试验点比例≥65%。

2.2 高油品种

两年区域试验粗脂肪平均含量≥21.5%，且单年≥21.0%。申请审定品种与对照同为常规品种或杂交品种，每年区域试验、生产试验平均产量比相应对照品种增产≥0.0%；杂交品种，每年区域试验、生产试验平均产量比相应对照品种增产≥4.0%。每年区域试验、生产试验增产试验点比例≥55%。

2.3 高蛋白品种

北方春大豆两年区域试验，粗蛋白质平均含量≥43.0%，且单年≥42.0%；其他区组两年区域试验，粗蛋白质平均含量≥45.0%，且单年≥44.0%。审定品种与对照同为常规品种或杂交品种，两年区域试验平均产量比常规对照品种减产≤2.0%，单年区域试验和生产试验平均产量比常规对照品种减产≤3.0%；杂交品种，每年区域试验、生产试验平均产量比常规对照品种增产≥2.0%。

2.4 特殊类型品种

菜用大豆品种：采收鲜荚食用的品种。

彩色籽粒品种：籽粒颜色除黄色以外的其他品种。

籽粒大小特异品种：籽粒特大或特小的品种。

棉花

1 基本条件

1.1 抗病性

每年区域试验，枯萎病接种鉴定病指≤20，黄萎病接种鉴定病指≤35或鉴定结果为耐病及以上。

1.2 早熟性

每年区域试验、生产试验，霜前花率≥85.0%，特殊年份与对照相当。

1.3 抗虫性

转基因抗虫棉品种,每年区域试验抗虫株率≥90.0%,室内鉴定结果为抗及以上。

2 分类条件

根据 GB/T 20392-2006《HVI 棉纤维物理性能试验方法》和 ASTM D5866-12《HVI 棉纤维棉结测试标准方法》检测的纤维品质上半部平均长度、断裂比强度、马克隆值、整齐度指数和纤维细度五项指标的综合表现,将棉花品种分为Ⅰ型品种、Ⅱ型品种、Ⅲ型品种三种主要类型。

Ⅰ型品种

两年区域试验平均结果,纤维上半部平均长度≥31 mm,断裂比强度≥32cN/tex,马克隆值3.7～4.2,整齐度指数≥83%;较低年份上半部平均长度≥30 mm,断裂比强度≥31cN/tex,马克隆值3.5～4.6的品种。

Ⅱ型品种

两年区域试验平均结果,纤维上半部平均长度≥29 mm,断裂比强度≥30cN/tex,马克隆值3.5～5.0,整齐度指数≥83%;较低年份上半部平均长度≥28 mm,断裂比强度≥29cN/tex,马克隆值3.5～5.1。

Ⅲ型品种

两年区域试验平均结果,纤维上半部平均长度≥27 mm,断裂比强度≥28cN/tex,马克隆值3.5－5.5,整齐度指数≥83%,较低年份纤维上半部平均长度≥27 mm,断裂比强度≥27cN/tex,马克隆值3.5～5.6的品种。

2.1 Ⅱ型常规棉品种

对照为Ⅱ型常规棉品种,两年区域试验皮棉平均产量,比对照品种增产≥3.0%,且区域试验较低年份皮棉产量不低于对照品种;生产试验皮棉产量不低于对照品种。每年区域试验、生产试验皮棉产量不低于对照品种的试验点比例≥50%。

对照为Ⅱ型杂交棉品种,两年区域试验皮棉平均产量,比对照品种减产≤5.0%,且区域试验较低年份皮棉产量减产≤8.0%;生产试验皮棉产量比对照品种减产≤8.0%。每年区域试验、生产试验皮棉产量减产≤8.0%的试验点比例≥50%。

2.2 Ⅱ型杂交棉品种

对照为Ⅱ型常规棉品种,两年区域试验皮棉平均产量,比对照品种增产≥5.0%,且区域试验较低年份皮棉产量增产≥3.0%;生产试验皮棉产量比对照品种增产≥3.0%。每年区域试验、生产试验皮棉产量增产≥3.0%的试验点比例≥50%。

对照为Ⅱ型杂交棉品种,两年区域试验皮棉平均产量,比对照品种增产≥3.0%,且区域试验较低年份皮棉产量不低于对照品种;生产试验皮棉产量不低于对照品种。每年区域试验、生产试验皮棉产量不低于对照品种的试验点比例≥50%。

2.3 Ⅲ型常规棉品种

对照为Ⅱ型常规棉品种,两年区域试验皮棉平均产量,比对照品种增产≥8.0%,且区域试验较低年份皮棉产量增产≥5.0%;生产试验皮棉产量比对照品种增产≥5.0%。每年区域试验、生产试验皮棉产量增产≥5.0%的试验点比例≥50%。

对照为Ⅱ型杂交棉品种,两年区域试验皮棉平均产量,比对照品种增产≥2.0%,且区域试验较低年份皮棉产量减产≤3.0%;生产试验皮棉产量比对照品种减产≤3.0%。每年区域试验、生产试验皮棉产量减产≤3.0%试验点比例≥50%。

2.4 Ⅲ型杂交棉品种

对照为Ⅱ型常规棉品种,两年区域试验皮棉平均产量,比对照品种增产≥10.0%,且区域试验较低年份皮棉产量增产≥7.0%;生产试验皮棉产量比对照品种增产≥7.0%。每年区域试验、生产试验皮棉产量增产≥7.0%的试验点比例≥50%。

对照为Ⅱ型杂交棉品种,比对照品种增产≥8.0%,且区域试验较低年份皮棉产量增产≥5.0%;生产试验皮棉产量比对照品种增产≥5.0%。每年区域试验、生产试验皮棉产量增产≥5.0%的试验点比例≥50%。

2.5 优质专用品种

品质突出:纤维品质属于Ⅰ型品种。

抗病性突出:枯萎病病指≤5.0、黄萎病病指≤20.0,且纤维品质达到Ⅲ型及以上的品种。

适合机械采收品种:株型比较紧凑,抗倒伏,第一果枝始节高度20 cm以上,株高85 cm左右;霜前花率90%以上;含絮力适度,吐絮比较集中,对脱叶剂敏感,纤维上半部平均长度、断裂比强度达到Ⅱ型及以上。

2.6 特殊类型品种

彩色棉(除白色):纤维长度、断裂比强度、长度整齐度、纤维细度、马克隆值等品质指标基本符合Ⅲ型品种要求。

海岛棉:纤维长度≥35 mm、断裂比强度≥36cN/tex、马克隆值3.7~4.2。

短季棉:生育期<110天,品质不低于Ⅱ型品种要求。

参 考 文 献

[1] 洪德林.作物育种学实验技术[M].北京:科学出版社,2010.

[2] 山东省昌潍农业学校.作物遗传与育种学实验实习指导[M].北京:农业出版社,1981.

[3] 刘宏魁,李景文,王英.作物育种学实验实习指导[M].长春:吉林大学出版社,2010.

[4] 盖钧镒.作物育种学各论[M].2版.北京:中国农业出版社,2006.

[5] 官春云.作物育种学实验[M].北京:中国农业出版社,2006.

[6] 苏胜宝.试验设计与生物统计[M].北京:中央广播电视大学出版社,2010.

[7] 李道品,张文英.作物遗传育种[M].北京:中国农业大学出版社,2016.

[8] 曹雯梅,刘彩霞.作物种子生产技术[M].北京:中国农业出版社,2013.

[9] 陈佩度.作物育种生物技术[M].2版.北京:中国农业出版社,2010.

[10] 孙其信.作物育种学[M].北京:高等教育出版社,2011.

[11] 饶力群.植物分子生物学技术实验指导[M].北京:化学工业出版社,2013.

[12] 吴琼,林琳,张贵友.普通遗传学实验指导[M].2版.北京:清华大学出版社,2016.

[13] 李建粤,崔永兰,崔丽洁,等.遗传学与基因工程实验指导[M].北京:科学出版社,2017.

[14] 饶玉春,薛大伟.植物分子生物学技术及其应用[M].北京:中国农业出版社,2019.

[15] 斯越秀.基因工程实验技术与实施教程[M].杭州:浙江大学出版社,2011.